Inhalt

Angstprobleme 84

Die Partnerschaft stärken 106

Ziel erreicht 116

Service 118

Der Weg zum gut erzogenen Pferd

Ein gut erzogenes Pferd ist ein ruhiges und sicheres Pferd. Es macht Freude, mit ihm etwas zu unternehmen. Diese Harmonie in der Partnerschaft ist es wert, Zeit in eine solide Grunderziehung zu investieren und das Training so zu gestalten, dass Pferd und Mensch gerne lernen. Mit ein wenig Übung und dem nötigen Know-how ist das kein Hexenwerk.

Gelassenheit und Motivation

Dieses Buch führt Sie Schritt für Schritt durch unterschiedliche, aber grundlegende Erziehungs- und Trainingsbereiche. Ganz ohne Theorie geht es dabei nicht, aber Sie werden sehen, dass das Wissen um das Lernverhalten von Pferden in der täglichen Arbeit vieles vereinfacht. So manches „Problemverhalten" lässt sich plötzlich erklären und mit wenig Aufwand beheben.

Es werden auch einige Spiele und auf den ersten Blick vielleicht eher unnütz erscheinende Übungen vorgestellt. Beim Weiterlesen und Trainieren wird aber klar, warum es durchaus sinnvoll sein kann, zum Beispiel einem Reitpferd das Verbeugen beizubringen.

Zwei ganz wichtige Elemente beim Training sind Ruhe und Gelassenheit und Spaß am Üben. Warum beides so bedeutsam ist, erkläre ich in den ersten beiden Kapiteln. Diese fassen auch die Grundlagen des Umgangs mit dem Pferd und die Grundlagen des Lernens zusammen, worauf später bei den konkreten Übungen aufgebaut wird.

Mit Spaß und Gelassenheit lernt es sich am besten.

Pferdetraining ist wie Klavierspielen

Die vorgestellten Übungen sind konkrete Trainingsvorschläge, sie müssen aber je nach Pferd möglicherweise individuell abgewandelt werden. Aber keine Sorge – dazu gibt es ausreichend Hinweise und Tipps.

Ein ganz wichtiger Faktor beim Training ist die eigene Kreativität. Auch ein Klavierspieler lernt zunächst die Basics, um seine Finger geschmeidig zu machen und die richtigen Tasten zu finden. Erst danach kann er ganze Melodien spielen und noch später kreativ sein und improvisieren. Mit dem Training von Tieren ist es wie mit dem Klavierspielen. Die Basics sind das Wissen um das Normalverhalten und das Lernverhalten von Pferden: Nur so weiß man, was man im Training wie und wann machen sollte und wie man eine Übung sinnvoll und für das Pferd nach-

Kleine Zwiesprache. Man kann in das Training ruhig solche Momente einbauen, sollte sie aber von der eigentlichen Übung trennen. Diese Szene fand vor Beginn der Apportierübung statt; während der Übung wurde nicht geschmust.

Info | Trainerqualitäten

Gute Trainer zeichnen sich besonders durch folgende Eigenschaften aus:

- Sie können individuell motivieren.
- Sie holen das Pferd beim jeweiligen Leistungsstand und an der jeweiligen Tagesform ab.
- Sie haben ein exzellentes Timing.
- Sie haben eine gute Motorik und eine gute Beobachtungsgabe für die Motorik der anderen.
- Sie wissen viel über Normalverhalten und Lernverhalten von Pferden und setzen es praktisch um.
- Sie haben einen Trainingsplan und arbeiten zielorientiert.
- Sie wissen, wann sie aufhören müssen und wie lang Pausen sein sollten.

vollziehbar strukturiert. Dazu muss man als Mensch auch seine eigene Motorik, seine Wahrnehmung und sein Timing trainieren, um Signale rechtzeitig zu erkennen und im richtigen Moment genau das Richtige zu tun.

Erst wenn die Basics „sitzen", kann man kreativ werden und Übungen verfeinern oder im Hinblick auf das Lernverhalten des eigenen Pferdes entsprechend abwandeln. Ein „Patentrezept", das genau so bei allen Pferden ausnahmslos funktioniert, gibt es nicht, denn Pferde und Menschen sind individuell unterschiedlich.

Misserfolge sind Chancen

Misserfolge im Training stellen sich oft dadurch ein, dass der Mensch nicht weiß, wo und wie er anfangen soll und – was viel öfter vorkommt, als man denken mag – wann er mit dem Üben aufhören sollte, wie lang Pausen sein müssen, wie lang Trainingssequenzen sein dürfen.

Dieses Buch hilft Ihnen, die Misserfolgsquote gering zu halten. Völlig vermeiden lassen sich Pannen im Training nie. Lassen Sie es sich durch Misserfolge aber nicht verleiden, sondern betrachten Sie jeden Misserfolg als Chance. Der Misserfolg zeigt Ihnen, wo Sie das Training ändern müssen. Er zwingt Sie dazu, Ihre Vorgehensweise zu überdenken und das Training eventuell völlig neu zu gestalten. Auf gar keinen Fall aber darf man einen Misserfolg dem Pferd ankreiden. Das Pferd ist ein Mitspieler bei der Arbeit, der, wenn er könnte, vielleicht lieber etwas ganz anderes machen würde. Statt Seitengänge zu üben, würde jedes Pferd lieber mit den Kumpels auf der Weide grasen.

Die Aufgabe eines Trainers ist es deshalb auch, das Pferd zu motivieren. Nur der motivierte Schüler lernt leicht und schnell, der unmotivierte Schüler lernt eventuell überhaupt nicht und verliert dabei auch noch die Lust an jedem weiteren Training.

Wie Pferde lernen

Lernen unterliegt bestimmten Gesetzen. Wer erfolgreich lernen (oder lehren) will, sollte diese Gesetze kennen und sie zu seinem Vorteil einsetzen. Auch Pferde lernen leichter und nachhaltiger, wenn der Trainer ihre besonderen Lernmechanismen kennt und berücksichtigt. Aus diesem Grund lohnt es sich, vor dem Training ein wenig mehr über die Lernbiologie zu erfahren.

Normalverhalten und Pferdetraining

Pferde sind Fluchttiere, hoch sozial und von Haus aus „langsame Fresser" die sich fast den ganzen Tag mit der Nahrungsaufnahme beschäftigen. Was bedeutet das praktisch für ein erfolgreiches Training?

Sozialkontakt und Futter sind (wohldosiert) im Training gut einsetzbar, um das Pferd zu motivieren und es Spaß am Training haben zu lassen. Und in positiver Stimmung lernt es sich nun einmal leichter. Der Fluchtinstinkt des Pferdes kann dagegen Trainingserfolge verlangsamen oder verhindern.

Ein Fluchttier ist durch seine Gene geradezu darauf programmiert, sich in regelmäßigen, kurzen Abständen einen Überblick über seine Umwelt zu verschaffen, um nötigenfalls sofort auf Gefahren reagieren zu können. Es ist ein Lebewesen, welches unbekannte Umwelteindrücke schnell als „gefährlich" einstuft und dann auch mit Angst und Stress reagiert.

Ein Pferd wird in Momenten der Gefahr sein Heil fast immer in der Flucht suchen. Dabei muss Flucht nicht bedeuten, dass das Pferd gleich Kilometer weit rennt. Auch ein hektisches „Zur-Seite-Springen" gehört bereits zum Fluchtverhalten.

Pferde fliehen, ohne lange nachzudenken.

Wenn Pferde sich fürchten

Schon leichte Angstzustände können dazu führen, dass das Pferd sich nicht mehr auf das Training konzentriert – es ist dann eher mit „lebensrettenden Gedanken“ beschäftigt.

Hat das Pferd Angst, sind Körper und Gehirn automatisch in einem stärkeren Stresszustand, der dazu führt, dass das Gehirn Lernen nur noch in bestimmte Richtungen zulässt, Lernvorgänge verlangsamt oder ganz einstellt. Ein Pferd wird in einer stressreichen Situation zum Beispiel recht leicht lernen, wovor es sich zukünftig in Acht nehmen soll. Der eine Traktor, der Angst und Stress ausgelöst hat, wird schnell abgespeichert. Wenn man als Reiter Pech hat, gilt die Verknüpfung „Traktor–Angst“ bald auch für viele andere Orte oder Situationen, in denen ein Traktor auftaucht.

Lebensrettende Manöver (wie zum Beispiel Scheuen vor dem Traktor) müssen ebenfalls leicht gelernt werden können – dafür hat die Natur gesorgt. Differenziertere Bewegungen, die nicht unbedingt etwas mit „Lebensrettung“ zu tun haben (wie zum Beispiel ein

Info Angst und Furcht

Angst ist ein negativer emotionaler Zustand, der sich einstellt, wenn sich das Pferd subjektiv bedroht fühlt. Wenn eine reale Bedrohung vorhanden ist, spricht man von Furcht.
„Subjektiv“ bedeutet, dass der Mensch den Grund für die Angstreaktion unter Umständen gar nicht wahrnimmt. Vielleicht wurde das Pferd vor zwei Monaten in einer Hallenecke durch ein knallendes Geräusch erschreckt und hat dadurch dauerhaft Angst, in diese Ecke zu gehen, selbst wenn es nicht knallt.

Richtungswechsel auf ein Schenkelsignal hin), werden ab einem bestimmten Stresslevel aber nicht mehr gut gelernt. Darauf kann sich das gestresste Gehirn nicht mehr konzentrieren.

Der richtige Level

Für ein erfolgreiches Training ist es wichtig, Stresszustände beim Pferd nicht nur zu erkennen, sondern auch niedrig halten zu können. Dabei ist es illusorisch, jeden Stress vermeiden zu wollen. Jede Umwelt hält Stressoren bereit, und Auseinandersetzung mit der Umwelt erzeugt Stresszustände.
In dem Moment, wo Sie mit Ihrem Pferd trainieren, setzt sich das Pferd mit mindestens einem Umweltfaktor (nämlich Ihnen) auseinander. Automatisch ist das Pferd leicht erregt, ist im Idealfall auf Sie fokussiert und durch noch nicht perfekt beherrschte Übungen eventuell auch leicht frustriert: Die körperliche Stressreaktion läuft an. Diese Reaktion ist in Maßen sogar nötig für ein erfolgreiches Training. Nur wenn das Pferd eine leichte (!) Herausforderung erfährt, wenn es zum „Nachdenken" angeregt wird und quasi in einem leicht sub-optimalen Zustand ist, wird es Energie in Arbeit und Lernleistung investieren. Wird der Stresslevel zu hoch, fließt die Energie nur noch in die Lebensrettung; ist die Umwelt einfach paradiesisch, besteht kein Grund, Arbeit und Lernleistung überhaupt zu investieren.

Dies ist das Klavier, welches gute Trainer perfekt spielen: Sie fordern ihr Pferd ganz individuell gerade so weit heraus, dass es fokussiert ist und sich auf die Aufgabe konzentriert. Erregungs- und Stresszustände werden auf einem Level gehalten, der schnelles Lernen und die Bildung eines stabilen Langzeitgedächtnisses garantiert.

Info | Stress

Der Begriff Stress bezeichnet eine körperliche und eine emotionale Komponente. Bei der körperlichen Stressreaktion wird der Körper über das Zusammenspiel verschiedener Gehirnbereiche, des vegetativen Nervensystems und bestimmter Hormone in einen Zustand versetzt, in dem er besondere Anforderungen meistern kann und Belastungen (z.B. auch Schmerz) besser aushält. Stress wird als eine Reaktion auf die Umwelt definiert, in der entweder der Verlust von Ressourcen droht, der tatsächliche Verlust von Ressourcen eintritt und/oder der Gewinn von Ressourcen nach Anstrengung nicht eintritt. In diesem Sinne ist ein starker emotionaler Stresszustand vergleichbar mit Angst, ein etwas weniger starker mit Unsicherheit. Neurophysiologisch (d. h. im Gehirn) treten bei diesen Zuständen gleiche Reaktionen auf.

Trainingsphasen und Pausen haben genau die richtige Länge, um das Pferd weder zu über-, noch zu unterfordern.

Auch Unterforderung (Langeweile) kann Stress erzeugen. Bei permanenter Unterforderung entsteht ein Teufelskreis. Das Gehirn verlernt, differenziert zu lernen. Es wird unflexibel und kann sich weniger und weniger auf neue Umweltsituationen einstellen. Stattdessen bemüht es sich, dem Stress zu entfliehen, indem es den Organismus zu „entspannenden" Beschäftigungen animiert. Stereotypien, wie zum Beispiel Koppen, können auf diesem Wege entstehen.

Bilder linke Seite: Der Braune und der Schimmel tragen gerade einen kleinen Konflikt aus. Wer hier hinein das Herankommen auf Signal trainieren will, wird Schiffbruch erleiden. Besser ist es, auf Distanz zu warten und zu rufen, wenn sich der Konflikt erkennbar gelöst hat.

Lebensqualitäten

Angeborenerweise geht es jedem Lebewesen darum, in einem optimalen Zustand zu leben. Das „Optimum“ bedeutet, dass genügend Futter und Wasser vorhanden ist, Sozialpartner und Fortpflanzungspartner in der Nähe sind und nirgendwo Feinde lauern. Diese Dinge (Futter, Wasser, Sozialpartner und Fortpflanzungspartner) werden als Ressourcen bezeichnet. Auch die „körperliche Unversehrtheit“ oder die eigenen Nachkommen sind wichtige Ressourcen. Für den Gewinn und das Schützen/Halten von Ressourcen wird Arbeit investiert – für nichts anderes. Pferde arbeiten und lernen also nicht, weil sie uns so mögen oder weil wir es ihnen befehlen, sondern weil wir bestimmte Ressourcen kontrollieren und im Training gezielt einsetzen. Jedes einzelne Verhalten, welches ein Pferd jemals in seinem Leben zeigt, hat genau diesen einen Zweck: den eigenen Zustand zu optimieren. Über das punktgenaue Geben und Verweigern von Ressourcen steuern wir das Verhalten eines Pferdes und auch seine Lernleistung.

Info | Frustration

Frustration tritt ein, wenn ein Pferd etwas bekommen/erreichen will und das nicht funktioniert. Wissenschaftlicher ausgedrückt: Ein Lebewesen ist frustriert, wenn die Erwartungshaltung („mir soll es optimal gehen“) mit der Realität („eine Ressource geht verloren“) kollidiert. Frustration löst einen Stresszustand aus, und der emotionale Zustand ist neurophysiologisch wieder vergleichbar mit Unsicherheit oder Angst.

Ein Schwerpunkt bei allen Übungen in diesem Buch ist der kontrollierte Umgang mit Stress beziehungsweise der Umgang mit Angst und das Beseitigen von Angstproblemen.

Bevor einzelne Übungsaufgaben besprochen werden, soll etwas intensiver auf Lernvorgänge als solche eingegangen werden. Bestimmte biologische Fakten legen fest, wie ein Pferd lernt. Es lohnt sich, sich damit etwas intensiver zu befassen und sie im Training zu berücksichtigen.

Der Sozialpartner ist eine wichtige Ressource für Pferde.

Dem Pferd ist das unbekannte Objekt suspekt. Ein erzwungenes Heranreiten verstärkt den Stress. Wenn sich das Pferd aber in eigenem Tempo nähern kann, siegt die Neugier.

Lernbiologie und Pferdetraining

Bei allen Verhaltensäußerungen und allen Lernvorgängen geht es immer nur darum, den eigenen Zustand zu optimieren. Verhaltensweisen, die diesem Ziel auf Dauer nicht gerecht werden, werden aus dem Verhaltensrepertoire eliminiert. Dabei ist es unerheblich, ob es sich um ein Verhalten handelt, welches das Pferd spontan zeigt, oder um ein antrainiertes Verhalten, welches auf Signal vom Menschen gezeigt wird.

Nur aus diesem (Optimierungs-) Grund können wir Pferde gezielt trainieren: Wir zeigen ihnen, wodurch sie es sich gut gehen lassen können. Weicht das Pferd aufgrund eines Schenkeldrucks und einer Gewichtsverlagerung nach links aus, lässt der Druck nach und das Gewicht auf dem Rücken sitzt wieder mittig. Dieses Gefühl ist angenehm (Optimierung!) und stellt somit die Belohnung für die Bewegungsänderung dar. Nach diversen (vielen!) Wiederholungen hat das Pferd gelernt, schon auf sehr feine Gewichtsverlagerungen hin sein Verhalten zu ändern. Die Fähigkeit zu lernen macht das Leben und Überleben schlichtweg einfacher, und deshalb findet man sie schon bei sehr niederen Lebewesen. Selbst einer Amöbe kann man beibringen, in einem Irrgarten nur einen bestimmten Weg entlangzuschwimmen. Man lässt sie die Erfahrung machen, dass nur am Ende dieses Weges Nahrung wartet und es sich gar nicht lohnt, den anderen Weg einzuschlagen.

Lernen schützt davor, den gleichen dummen Fehler zweimal zu machen. Durch entsprechendes Lernen muss man nicht umständlich bestimmte Orte nach Nahrung absuchen, sondern weiß genau, wo das beste Gras wächst oder wo Feinde warten.

Angeborene Verhaltensmuster

In bestimmten kritischen Situationen könnte natürlich schon der erste Fehler tödlich sein. Deshalb verfügen alle Lebewesen über ein individuelles Repertoire an angeborenen Verhaltensmustern, die in ganz speziellen Situationen spontan gezeigt werden. Das Scheuen/Fliehen der Pferde gehört zu solchen Verhaltensmustern. Erst wenn die lebensrettenden Verhaltensweisen erfolgreich waren, kann man sich Zeit nehmen und darüber nachdenken „was da vorhin eigentlich passiert ist".

Wer geht schon gerne freiwillig in eine enge Höhle?

Das Problem für den Menschen ist dabei, dass eine spontane Situations-/Ortsverknüpfung auch (oder gerade) in solchen Stressmomenten abläuft. In der Natur würde ein Pferd, welches am Ort X von einem Puma angegriffen wurde, lange brauchen, um diesen Ort X wieder zu betreten. Da müsste bei X schon etwas extrem Wichtiges warten, und selbst dann würde sich das Pferd vermutlich nur zögerlich und innerlich in Alarmbereitschaft diesem Ort nähern. Einmal gemachte Erfahrungen mit unangenehmen (aversiven) Dingen werden nur sehr langsam wieder vergessen.

Ein vergleichbares Beispiel wäre das Verladen auf den Hänger. Das Pferd hat eventuell einmalig eine negative Erfahrung beim Betreten des kleinen Raumes gemacht. Vielleicht war es der Höhlencharakter, der Angst ausgelöst hat, oder es ist ausgerechnet beim ersten Verladen ein Besen scheppernd umgefallen. Jetzt wird ein Teufelskreis in Gang gesetzt. Mit einem Zurückweichen oder Zurückspringen erreicht das Pferd kurzfristig eine kleine „Optimierung“: Es kommt weiter weg von der „Höhle“ oder dem Gefahr androhenden Geräusch. Dieses Scheuverhalten wird spontan gezeigt, weil es in den Genen sehr fest verankert ist.

Parallel wird aber auch durch dieses Verhalten eine kleine Erfolgsmeldung im Gehirn erzeugt (Optimierung = Belohnung) und das interne Belohnungssystem im Gehirn in Gang gesetzt. Zusammen mit dem Situationslernen führt es dazu, dass das Pferd bei weiteren Verladeversuchen wieder (und eventuell schneller und intensiver) zurückscheut.

Die zweite Komponente, die den Teufelskreis beeinflusst und in der Regel für die Intensivierung des Problems verantwortlich ist, ist der Mensch. Menschen verhalten sich in solchen Situationen sehr typisch. Kaum einer wird sich sagen „mein Pferd hatte gerade Angst, ich mache mal kurz Pause, damit es sich entspannen kann, und dann versuchen wir eine vorsichtige Annäherung an den Hänger“. Die meisten werden den Strick festhalten (und eventuell rucken und schimpfen), sodass das Pferd nicht sehr weit zurück kann. Dann wird sofort ein neuer Verladeversuch gestartet. Damit erhöht der Mensch den Stresslevel beim Pferd noch weiter: Es kann nicht weit genug weg von der „Gefahr“, und zusätzlich eröffnet sich ein Nebenkriegsschauplatz in Form von Aggression von einem Sozialpartner. Das Wissen des Pferdes „diese Situation ist brandgefährlich“ wird intensiviert.

Viele der Angstprobleme, wegen denen ich zu einem Pferd gerufen werde, hatten in solchen „kleinen“ Erlebnissen ihren Anfang. Deshalb soll dieses Buch sich unter anderem darauf konzentrieren, wie man diesen Problemen vorbeugen beziehungsweise wie man sie lösen kann, wenn sie schon da sind.

Lernverhalten

Lernen findet im Gehirn statt und folgt bestimmten Gesetzmäßigkeiten. Heutzutage ist es kein Geheimnis mehr, wie sich zum Beispiel ein Langzeitgedächtnis im Gehirn entwickelt und fest verankert. Auf die genauen Vorgänge im Gehirn soll hier nicht näher eingegangen werden. Nur so viel: Das Gehirn besitzt ein „internes Belohnungssystem". Ohne Beteiligung dieses Belohnungssystems kann kein Langzeitgedächtnis ausgebildet werden.

Das Belohnungssystem muss also während des Trainings aktiviert werden. Diese Aktivierung muss gezielt erfolgen, denn das Pferd soll ja nicht irgendwas lernen, sondern genau das, was Sie ihm beibringen wollen.

Die Trainingsanweisungen, die Sie bei den einzelnen Übungen lesen, sind so konzipiert, dass tatsächlich eine ganz gezielte Aktivierung des Belohnungssystems erfolgt, soweit es technisch machbar ist. Wir bewegen uns mit unseren Pferden nicht in einer künstlichen (Lern)Umgebung eines Labors – gewisse Abstriche an den Anspruch einer hundertprozentigen Perfektion müssen durchaus gemacht werden.

Die Aggression des Braunen wird durch den Erfolg belohnt: Der Schimmel geht weg.

Jedes Pferd und jeder Mensch sind individuell unterschiedlich. Versuchen Sie, sich mit den generellen Konzepten der einzelnen Übungen und ihrem Ablauf vertraut zu machen, um sie dann für Ihr Pferd so zu variieren wie nötig und möglich.

Einige theoretische Fakten müssen Sie allerdings grundsätzlich beim Training berücksichtigen, um nicht Schiffbruch zu erleiden.

Dieses Pferd belohnt sich selbst: Es erzeugt ein Wohlgefühl durch das Wälzen.

Die Fähigkeit, emotionale Zustände wie zum Beispiel Angst oder Freude zeigen zu können, ist ebenfalls angeboren – die Auslöser für solche emotionalen Zustände werden oft über den klassischen Weg gelernt. Es gibt wenig direkt angeborene Angstauslöser; dabei haben Beutetiere wie Pferde sicher ein größeres Repertoire als Beutegreifer. Raschelnde Geräusche oder sich plötzlich bewegende Objekte sind vermutlich genauso angeborene Angstauslöser wie große unbewegte Objekte, die plötzlich im Blickfeld auftauchen oder schnelle Bewegungen, die gegen Kopf oder Beine gerichtet sind.

Bei der klassischen Konditionierung muss das interne Belohnungssystem nicht extra aktiviert werden, um ein Langzeitgedächtnis zu erzeugen. Man braucht keine externe Belohnung, denn die Möglichkeit, seinen eigenen Zustand zu optimieren (indem man akut lebensrettende Maßnahmen ergreift oder die Verdauung beschleunigt), ist „Belohnung genug".

Im praktischen Training setzt man die klassische Konditionierung ein, um zum Beispiel ein besonderes Belohnungssignal aufzutrainieren. Ein Belohnungssignal ist ein Signal, welches automatisch das interne Belohnungssystem aktiviert, noch bevor eine angeborene Belohnung (= Ressource) vorhanden ist. Ein gut gelerntes Belohnungssignal ist beim Training sehr nützlich; wir kommen später darauf zurück.

Instrumentelle Konditionierung

Bei der instrumentellen Konditionierung kommt es zur Verknüpfung zwischen einem Signal und einer Verhaltensreaktion. Die Konsequenz, die das Pferd als Reaktion auf sein Verhalten erfährt, wirkt sich entsprechend auf den Lernvorgang aus.

Die reiterlichen Hilfen werden instrumentell konditioniert.

Streicheleinheiten dürfen nur kurz sein, um punktgenau erwünschtes Verhalten zu belohnen. Einmal kurz die Hand auflegen reicht völlig. Längere Streichelseqenzen sollten immer außerhalb der eigentlichen Trainingseinheit erfolgen.

Macht das Pferd eine positive Erfahrung im Zusammenhang mit einem bestimmten Verhalten, wird es das Verhalten in Zukunft häufiger zeigen. Die Verknüpfung „Signal-Verhalten" wird verstärkt. Dabei muss man diese „positive Erfahrung" rein aus der Perspektive des Pferdes betrachten. Es ist unerheblich, ob der Mensch meint, dass dem Pferd gerade etwas Gutes widerfährt. Maßgeblich ist einzig und allein, ob das Pferd meint, dass sich ein bestimmtes Verhalten lohnt oder nicht lohnt. Nur dann, wenn die Botschaft lautet „mit diesem Verhalten kann ich meinen eigenen Zustand optimieren", wird das Pferd das Verhalten auf Dauer öfter zeigen und ein Langzeitgedächtnis ausbilden. Nur dann wird das interne Belohnungssystem aktiviert.

Umgekehrt ist es genauso. Wenn ein bestimmtes Verhalten für das Pferd die Konsequenz hat, dass die Optimierung des eigenen Zustands gefährdet ist, wird es dieses Verhalten auf Dauer seltener zeigen.

Bei der instrumentellen Konditionierung wird mit bewusst kontrollierten Verhaltensmustern gearbeitet. Bei jeder Signalgabe hat das Pferd zunächst einmal die Möglichkeit, das gewünschte Verhalten zu zeigen oder es nicht zu zeigen. Die Art und Weise des Trainings (Timing, Konsequenz, Wiederholungsrate) entscheidet darüber, wie zuverlässig das Pferd auf ein bestimmtes Signal hin in unserem Sinne reagiert oder nicht.

Erfolg oder Misserfolg eines bestimmten Verhaltens hinsichtlich der Optimierung des eigenen Zustands beeinflusst die Motivation des Pferdes, das jeweilige Verhalten zu unterlassen oder häufiger zu zeigen.

Trainingsfaktoren

Erfolg

Die folgenden Faktoren entscheiden über den Trainingserfolg. Fehler machen sich unter Umständen unmittelbar bemerkbar. Wenn das Timing nicht stimmt, lernt das Pferd nicht exakt das Verhalten, das man ihm beibringen will. Wenn die Konsequenz nicht stimmt, lernt es die neue Aufgabe nur so „wischiwaschi". Bei zu wenigen Wiederholungen bricht der Trainingserfolg in fremder Umgebung plötzlich zusammen ... und so weiter.

Timing

Im Labor beträgt die Assoziationszeit maximal drei Sekunden. Innerhalb dieser Zeit können Signal, Verhalten und Belohnung exakt verknüpft werden.
Im wahren Leben hat man diese Zeit nicht. Hier sollte man maximal eine Sekunde kalkulieren. Je näher man der Gleichzeitigkeit bei der Sequenz „Signal-Verhalten-Belohnung" im Training kommt, desto schneller und fester wird eine korrekte Assoziation ausgebildet.

Konsequenz

Konsequenz im Training bedeutet, dass Sie im Vorfeld entscheiden, welches Verhalten im Zusammenhang mit welchem Signal ausgeführt werden soll, und später dann keinen Millimeter von diesem Plan abweichen. Wenn das Pferd auf das Signal „Anziehen" den Kopf tief und Richtung Trense führen soll, wird auch nur dieses Verhalten im Zusammenhang mit „Anziehen" belohnt, und Sie kommen dem Pferd mit der Trense nicht entgegen. Konsequenz bedeutet „exakt und immer", nicht „mal so – mal so".

Wiederholungsrate

Hohe Wiederholungsraten sind wichtig und nötig. „Einmal ist keinmal“ beim Lernen, und oft ist auch noch „einhundertmal“ wie „keinmal“. Rechnen Sie eher mit tausend bis zehntausend Wiederholungen. Sie müssen auch den Trainingsort wechseln, damit das Pferd ein bestimmtes Signal generalisieren kann. Wechseln Sie aber nicht zu früh und nicht zu viele Orte durcheinander. Wenn Sie an einem Ort nach tausend Wiederholungen ein Ziel erreicht haben, kommen die nächsten tausend an einem neuen Ort.

Lob

Früher wurden die Pferde zum Ende des Trainings minutenlang am Hals geklopft und man dachte, dass sie durch dieses Lob die vorangegangenen Lektionen gut verinnerlichen und motiviert bei der Sache bleiben.
Das ist Unsinn. Sicherlich war und ist etwas Allogrooming für ein Pferd nett – aber für das exakte Training sind die kleinen (kurzen) Belohnungen mit korrektem Timing wichtig. Die Belohnung muss immer exakt dann kommen, wenn das Pferd das gewünschte Verhalten zeigt.

Strafe

Wenn im Text von „Strafe“ gesprochen wird, ist damit immer eine Strafe im biologischen Sinne (= Misserfolgsmeldung für das Pferd) gemeint.
Mit Strafe ist in keinem Fall gemeint, dass dem Pferd auf irgendeine Weise Schmerzen zugefügt werden oder tierschutzwidrige Handlungen stattfinden!

Links: Das Nachlassen von Druck über Zügel, Schenkel und/oder Hüfte erzeugt die punktgenaue Belohnung für das korrekte Verhalten.
Rechts: Die Belohnung vom Sattel aus kommt in einer deutlichen Pause oder am Ende der Trainingseinheit.

Motivation ist alles

Auf dem biologischen Prinzip von der Optimierung des eigenen Zustands basiert die Wirkung von Belohnung und Strafe im Training. Wir vermitteln dem Pferd, dass sich ein bestimmtes Verhalten lohnt (Belohnung = Erfolg, den eigenen Zustand zu optimieren) und ein anderes nicht (Strafe = Misserfolg, den eigenen Zustand zu optimieren). Dabei ist der Einsatz von gezielter Belohnung immer der geradere Weg. Das Pferd bekommt darüber die Information, welches Verhalten unter vielen Möglichkeiten das Beste ist.

Mit Strafe zu arbeiten bedeutet häufig, einen Umweg zu gehen. Das Gehirn hat kein „Bestrafungssystem". Auch beim Einsatz von Strafe erfolgt das Lernen letztendlich über die Aktivierung des internen Belohnungssystems. Wenn ein Pferd für ein bestimmtes Verhalten eine Misserfolgsmeldung bekommt, muss es ein anderes Verhalten zeigen/ausprobieren, um doch noch zum Erfolg zu kommen. Das Pferd kann schließlich nicht im „Verhaltensvakuum" bleiben – es kann sich nur verhalten, nicht „nichtverhalten".

Ein Pferd wird bei einer Misserfolgsmeldung für ein bestimmtes Verhalten diverse andere Verhaltensweisen ausprobieren, um doch noch seine subjektive Erfolgsmeldung zu bekommen. Dieses Ausprobieren kostet Zeit und Energie und bedeutet eventuell weitere Misserfolgsmeldungen. Woher soll das Pferd auf Anhieb wissen, dass Verhalten D sinnvoll ist, wenn Verhalten A einen Misserfolg bringt?

Nicht in jedem Fall lässt sich der „gerade Weg" im Training konsequent verfolgen – man sollte sich aber über die Konsequenzen der einen wie der anderen Vorgehensweise im Klaren sein. Gutes Training bedeutet, dass man beide Elemente (Erfolgsmeldung und Misserfolgsmeldung) sinnvoll kombiniert und das Pferd in die richtige Richtung „schickt", sodass am Ende ein Trainingserfolg dabei herauskommt.

Lob und Tadel

Man kann Belohnung oder Strafe auch als Motivatoren bezeichnen. Das Pferd ist motiviert, mit uns zu arbeiten und sich auf uns zu fokussieren, wenn es mit uns gute/angenehme Erfahrungen gemacht hat – es hat Spaß mit uns und lernt gerne.

Belohnung motiviert. Dann ist das Gehirn im „Arbeitsmodus" und das Lernen fällt leichter. Wenn das Pferd im Zusammenhang mit uns häufig unangenehme Erfahrungen gemacht hat, löst unsere Nähe unter Umständen stärkeren Stress aus und das Gehirn lernt nicht mehr besonders gut.

Auf der anderen Seite leben weder unsere Pferde noch wir im Paradies. Gewisse unangenehme Erfahrungen lassen sich nicht vermeiden und ganz ohne geht es im Training auch nicht. Es ist eine Frage der differenzierten Abstufung und der Nützlichkeit für ein bestimmtes Trainingsziel.

Lernbiologisch sprechen wir schon von „Strafe", wenn eine erwartete Belohnung dem Pferd nicht gegeben wird. Wenn man etwas nicht bekommt, was man erwartet, löst dies Frustration und Stress aus. Werden diese Gefühle zu stark (siehe S. 11), stellt das Pferd das Lernen ein. Sind sie auf einem zum Pferd passenden niedrigen Niveau, wird es dankbar jeden Hinweis aufnehmen, wie es sein kleines Problem lösen kann.

Was Pferde zum Leben brauchen

Neben den Ressourcen Futter und Wasser braucht das Pferd auch Sozialkontakt zur Optimierung seines Zustands. Pferde sind hoch soziale Tiere und Sozialkontakt ist überlebenswichtig. Eine weitere wichtige Ressource ist körperliche Unversehrtheit. Nur mit gesundem Körper kann man vor Feinden erfolgreich weglaufen. Dies erklärt auch, warum Schmerz und unangenehme körperliche Empfindungen so potente Strafen sein können. Schmerzen sind Warnsignale des Körpers und bedeuten: Die Optimierung deines Zustandes ist akut gefährdet.

Der Einsatz von Schmerz erzeugenden Strafen und stark aversiven Maßnahmen soll mit diesen Hinweisen aber nicht propagiert werden – im Gegenteil! Das Tierschutzgesetz verbietet bestimmte Handlungen ebenso wie unser ethisches Empfinden. Auch stellt der tierschutzkonforme Einsatz stark aversiver Maßnahmen so hohe Anforderungen an theoretisches und praktisches Wissen des Trainers, dass es den Rahmen des Buches sprengen würde.

Es ist grundsätzlich sinnvoll, einem Pferd zunächst genau beizubringen, was man von ihm will, bevor man sich Gedanken darüber macht, welche Verhaltensweisen man nicht haben will. Das Lernen von „dieses Verhalten will der Mensch von dir" sollte schon im Fohlenalter beginnen.

Allogrooming (gegenseitige Körperpflege) zwischen Stute und Fohlen ist ein wichtiger Sozialkontakt und überlebenswichtig für beide.

Lernen durch Erfolg: „Was ist das denn für ein merkwürdiges Ding?“

„Man kann das Ende ja mal probeweise ins Maul nehmen.“

„Das mach ich öfter! Das lohnt sich ja.“

Verstärker

Wissenschaftlich lassen sich Belohnung und Strafe auch als positive und negative Verstärker bezeichnen. Der positive Verstärker bewirkt, dass ein bestimmtes Verhalten öfter gezeigt wird, der negative, dass es seltener gezeigt wird.

Der Gebrauch von „positiv“ und „negativ“ orientiert sich am Verhaltensoutput, welchen das Pferd als Reaktion auf den Verstärker zeigt. Dieses Modell kommt aus der Neurophysiologie und berücksichtigt stark den jeweiligen Motivationszustand des Pferdes. Futter ist zum Beispiel in den meisten Fällen ein positiver Verstärker – es sei denn, das Pferd ist satt. Das satte Pferd wird durch Futter nicht motiviert, ein bestimmtes Verhalten öfter zu zeigen. Futter wäre in diesem Fall dann kein positiver Verstärker. Der positive Verstärker bedeutet, dass das Pferd bei der Optimierung seines eigenen Zustands erfolgreich war. Der negative Verstärker trägt die Information, dass der eigene Zustand gefährdet ist.

Positive und negative Verstärker

	Aktion	Verhaltensoutput
Positiver Verstärker	Etwas Angenehmes passiert; etwas Unangenehmes hört auf: » Erfolg bei der Optimierung des eigenen Zustands	Das entsprechende Verhalten wird häufiger gezeigt.
Negativer Verstärker	Etwas Unangenehmes passiert; etwas Angenehmes hört auf: » Misserfolg bei der Optimierung des eigenen Zustands	Das entsprechende Verhalten wird seltener gezeigt.

Positiv und negativ

Speziell für die praktische Anwendung von Belohnung und Strafe gibt es in vielen Büchern noch eine andere Verwendung der Begriffe „positiv“ und „negativ“. Man spricht von „positiver Belohnung“, wenn dem Pferd etwas Angenehmes aktiv gegeben wird.

Negative Belohnung“ bedeutet, dass eine unangenehme Empfindung wegfällt. Eine „positive Strafe“ ist dann die aktive Zufügung einer unangenehmen Empfindung und die „negative Strafe“ bedeutet, dass man dem Pferd etwas Angenehmes wegnimmt. Egal wie man seine Vorgehensweise nennt: Dem Pferd geht es nur darum, den eigenen Zustand zu optimieren – und Sie kontrollieren die Ressourcen, die das Pferd dazu braucht.

Sie wissen jetzt, wie Sie Ressourcen wie Futter oder Sozialkontakt im Training einsetzen sollten, um ein bestimmtes Verhalten bei Ihrem Pferd „herauszukitzeln“. Damit verlassen wir auch die reine Theorie.

Positive und negative Belohnung/Strafe

	Belohnung	Strafe
Positiv	Etwas Angenehmes wird gegeben: Das entsprechende Verhalten wird häufiger gezeigt.	Etwas Aversives wird gegeben: Das entsprechende Verhalten wird seltener gezeigt.
Negativ	Etwas Aversives hört auf: Das entsprechende Verhalten wird häufiger gezeigt.	Etwas Angenehmes wird entzogen: Das Verhalten wird seltener gezeigt.

Trainingsgrundlagen

Zu Beginn der praktischen Arbeit wird Ihre „Werkzeugkiste" gefüllt. Sie brauchen eine geeignete Belohnung und müssen sich Gedanken machen, was Sie genau benutzen wollen. Sie brauchen ein Belohnungssignal, und auch das muss mit Bedacht ausgewählt werden. Erst dann kann die eigentliche Arbeit losgehen.

Das Belohnungssystem

Belohnung steigert die Motivation. Damit das interne Belohnungssystem des Pferdes aktiviert wird, müssen aber bestimmte Dinge beachtet werden.

Nehmen Sie als Belohnung etwas, das für Ihr Pferd wirklich „wertvoll" ist – wofür es bereit ist, intensiver zu arbeiten. Bei den meisten Pferden lässt sich Futter gut einsetzen. Das Futter ist keine Bestechung und es wird auch nicht genutzt, um das Pferd irgendwohin zu locken oder abzulenken (außer bei ganz wenigen Trainingsansätzen). Probieren Sie verschiedene kleine Futterbrocken aus und beobachten Sie, welche Ihr Pferd mag.

Es müssen nicht unbedingt nur „echte Pferdeleckerli" sein, denn diese haben oft eine hohe Energiedichte. In kleinen Mengen gefüttert sind sie eine nette Variante im Training; wenn Sie täglich und viel trainieren, sind kleine Apfel- oder Möhrenstückchen besser geeignet. Wenn Ihr Pferd allerdings wirklich nur echte Pferdeleckerli mag, müssen Sie die im Training verwendete Menge mit der Tagesration Ihres Pferdes verrechnen, weniger trainieren oder stärker auf Streicheleinheiten setzen.

Eine Sammlung von Leckerchen zur Belohnung.

Grundlegende Übungen für Fohlen

Fohlen sind niedlich und man erliegt ihrem Charme gar zu schnell. Doch auch wenn sie noch so klein und süß sind: Auch Fohlen müssen schon lernen, was man darf und was nicht erlaubt ist. Und vor allem sollten Sie lernen, dem Menschen zu vertrauen. Je früher, desto besser.

Vertrauen schaffen

Es ist nie zu früh, das Training mit einem Fohlen zu beginnen. Man folgt dabei den gleichen Grundlagen wie beim Training eines erwachsenen Pferdes. Der einzige Unterschied bei der praktischen Durchführung ist oft die Anwesenheit der Mutter. Dies kann dazu führen, dass sich das Fohlen weniger auf den Menschen konzentriert. Dieses Problem kann man etwas auffangen, indem man sehr „leckere Leckerlis" nimmt; dazu kommt unterstützend das deutlich ausgeprägte Neugierverhalten von Fohlen. Beachten Sie, dass Fohlen sich noch nicht so lange konzentrieren können wie ein erwachsenes Pferd. Planen Sie die Übungseinheiten immer als äußerst kurze Episoden, die dann dafür umso häufiger stattfinden. Wenige Minuten reichen zu Beginn.

Die Mutter sollte beim Üben mit dem Fohlen anfangs dabei sein, um den Stress für das Fohlen minimal zu halten.

Die Mutter sollte von einer Hilfsperson gehalten werden oder, wenn sie dabei entspannt ist, angebunden sein. Hat das Fohlen eine schreckhafte, ängstliche oder aggressive Mutter, muss man das Training eventuell in einer großen

Wer schon als Fohlen gelernt hat, dass die Berührung durch den Menschen nicht schlimm ist, lässt auch als erwachsenes Pferd verschiedene Situationen entspannter über sich ergehen.

Box mit Abtrennung machen. Dabei muss man abwägen, wie viel Stress Mutter und Fohlen haben.

Unter Umständen kann man bei solchen Konstellationen erst später mit dem Fohlentraining beginnen, wenn sich das Fohlen schon selbständig weiter von der Mutter entfernt und diese das toleriert.

Berühren und Streicheln

Ziel der Übung

Eine grundlegende Erfahrung, die schon jedes Fohlen machen sollte, ist, dass Berührung durch den Menschen zunächst einmal angenehm und nicht Furcht einflößend ist. Ziel dieser ersten Übung ist es deshalb, dass das Fohlen sich entspannt am ganzen Körper berühren lässt und ruhig stehen bleibt.

Sinn der Übung/Nützlichkeit

Diese Übung ist grundlegend für das spätere Pferdeleben.

Vorbereitung/Hilfsmittel

› Ruhiger Ort

Trainingsablauf

Schritt 1: Warten Sie, bis sich das Fohlen von alleine nähert und belohnen Sie jede Kontaktaufnahme.

Schritt 2: Nach dem vierten oder fünften Belohnen für das freiwillige Herankommen strecken Sie eine Hand aus und berühren das Fohlen am Hals, während es das Leckerli nimmt. Testen Sie anfangs aus, wie lange es die Berührung erduldet: Springt es gleich weg, wenn es das Leckerli genommen hat, oder bleibt es vielleicht 20 Sekunden stehen? Sie brauchen mindestens fünf Sekunden, die Ihre Hand am Hals liegen kann. Diese fünf Sekunden erreicht man recht schnell, wenn man das Fohlen nicht bedrängt, sondern einfach durch ruhiges Wiederholen an die Berührung gewöhnt, während es sein Leckerchen kaut. Genau hierfür kann man auch etwas größere Leckerchen nehmen, an denen es länger kauen muss. Sonst sollte die Größe der Leckerchen so sein, dass sie mehr oder weniger sofort geschluckt werden.

Schritt 3: Jetzt sagen Sie BRAV, wenn das Fohlen angekommen ist, legen die Hand an den Hals und sagen nach vier Sekunden noch einmal BRAV und geben dazu das (kleine) Leckerchen. Während das Leckerchen gegeben wird, wird die Hand kurz vom Hals genommen.

Schritt 4: Die Zeit, die die Hand am Hals liegt, wird allmählich verlängert. Lassen Sie Ihre Hand immer gerade so lange liegen, dass das Fohlen noch nicht unruhig oder ängstlich wird oder ausweicht.

Schritt 5: Der Druck, den die Hand ausübt, wird in kleinen Schritten verstärkt oder die Hand bewegt sich etwas am Hals auf und ab.

Schritt 6: Die Hand bewegt sich vorsichtig über mehr und mehr Körperstellen und der Mensch beginnt, langsam um das Fohlen herumzuwandern. Ruhiges Verhalten wird variabel belohnt.

Schritt 7: Denken Sie an alle Berührungen oder Manipulationen, die später stattfinden können oder werden, und üben Sie diese. Denken Sie auch an Manipulationen, die Hufschmied oder Tierarzt machen werden. Üben Sie zum Beispiel das Anheben der Schweifrübe (Fieber messen) oder Manipulationen am Auge (Augentropfen müssen eingegeben werden).

Fragen/Probleme/Fallen

- Es ist ganz wichtig, dass Sie völlig ruhig bleiben und sich dem Fohlen nicht aufdrängen.
- Wenn das Fohlen ausweicht oder Angst und Unsicherheit zeigt, ist das ein Zeichen, dass Sie zu früh im Training zu viel gewollt haben. Nehmen Sie also im Zweifelsfall das Tempo zurück. Langsames Arbeiten am Anfang zahlt sich immer aus, denn später geht es umso schneller mit den Fortschritten. Ein gestresstes Fohlen aber lernt gar nicht.

Die Übungen in den nächsten Kapiteln sind für erwachsene Pferde, aber natürlich kann und sollte man auch schon beim Fohlen mit dem Training dieser Übungen beginnen. Übereilen Sie aber nichts und achten Sie darauf, das Fohlen nicht zu überfordern.

Eine Übung soll noch explizit beim Fohlen beschrieben werden: Das Auftrainieren eines Fehlersignals (welches in gleicher Form auch beim erwachsenen Pferd auftrainiert werden kann).

Auch das Auflegen von Decken etc. sollte man schon beim Fohlen üben.

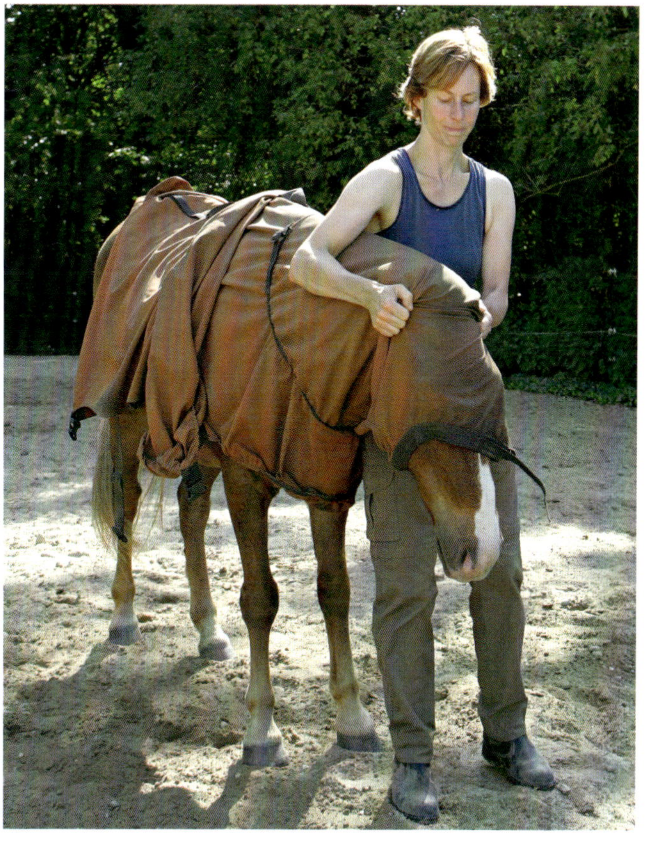

Auftrainieren eines Fehlersignals

Ziel der Übung

Das Fohlen bricht ein Verhalten (welches auch immer) spontan ab, wenn es dieses Signal (zum Beispiel FALSCH) hört. Wenn es das Signal in einer bestimmten Situation häufig im Zusammenhang mit einem bestimmten Verhalten hört, wird es das entsprechende Verhalten immer seltener zeigen.

Sinn der Übung/Nützlichkeit

Das Signal wird so auftrainiert, dass es für das Fohlen bedeutet: „Wenn du dich weiter so verhältst oder in diese Richtung weitergehst, wirst du deinen Zustand nicht optimieren – im Gegenteil, er wird schlechter werden". Wenn diese Bedeutung gut gelernt wurde, kann man damit unerwünschtes Verhalten unterbrechen.

Was „unerwünschtes Verhalten" ist, definieren Sie. Sie sollten das Signal allerdings nicht im Überfluss für alles und jedes anwenden. Wenn Sie dem Fohlen (oder später dem erwachsenen Pferd) andauernd sagen „dies ist falsch – und das da auch und jenes ...", verliert das Signal seine Wirksamkeit. Außerdem werden Fohlen und erwachsene Pferde dadurch verwirrt, weil die klare Linie fehlt.

Das Fehlersignal eignet sich zum Beispiel gut, um „Lästigkeiten" wie Betteln, Scharren oder Zwicken zu beseitigen oder um die Entstehung solcher Probleme zu verhindern. Man kann dieses Signal auch einsetzen, um dem Fohlen oder Pferd im Training aufzuzeigen, wenn es Fehler macht. Dafür müssen aber zwei Voraussetzungen gegeben sein: Zum einen muss das, was das Fohlen oder Pferd im Training zeigen soll, schon sehr gut geübt sein, und zum anderen muss auch das FALSCH gut auftrainiert sein. Aus diesem Grund wird das Fehlersignal bei den weiteren Übungen auch nicht erwähnt. Bei diesen Übungen geht es ja um das Auftrainieren bis zu einer gewissen Perfektion. Erst wenn diese Perfektion erreicht ist, könnten Sie Trainingsfehler mit dem FALSCH belegen. Zum Beispiel macht es keinen Sinn, ein Vorwärtsstürmen des Pferdes beim Führen mit FALSCH zu belegen und zu hoffen, dass es dadurch das manierliche Gehen neben dem Menschen in den Grundzügen lernt. Wenn es das manierliche Gehen aber schon gelernt hat (siehe Seite 60), können Sie Ihrem Pferd, sollte es doch einmal vorstürmen, dadurch sagen, dass das keine gute Idee ist.

Momente, in denen gut gelerntes Verhalten zusammenbricht, können immer auftreten. Hier hilft ein Fehlersignal – wenn es denn vorher gut geübt wurde. Ein gut trainiertes Fehlersignal kann auch helfen, Problemen vorzubeugen. Auf Seite 103 wird zum Beispiel beschrieben, wie Sie mit einem Pferd arbeiten, das rempelt oder herumzappelt. Wenn ein „Rempelproblem" bereits vorhanden ist, sollte so gearbeitet werden, wie im dortigen Kapitel beschrieben. Wenn Sie aber bei Ihrem Fohlen oder Pferd merken, dass sich ein Problem entwickelt oder auch nur entwickeln könnte, arbeiten Sie mit dem Fehlersignal dagegen.

Vorbereitung/Hilfsmittel

- Ruhiger Ort
- Das Belohnungssignal ist gelernt.

Trainingsablauf

Schritt 1: Provozieren Sie eine Situation, in der Ihr Fohlen mit einem bestimmten Verhalten einen Misserfolg erlebt, und belegen Sie diesen Misser-

FALSCH-Training: Wenn die Fohlennase das Leckerchen fast berührt, wird die Hand zurückgezogen. Der etwas verspannte Hals zeigt, dass die Übung leichten Stress auslöst. Stärker sollte der Stresslevel bei diesen Übungen nie werden.

folg mit FALSCH. Leckerchen lassen sich gut für dieses Training benutzen. Ein Fohlen brauchen Sie nicht zu fixieren; wenn Sie die Übung mit einem erwachsenen Pferd machen, muss es aber eventuell an den Strick. Halten Sie dem Fohlen ein Leckerchen mit der Hand wortlos vor das Maul. In dem Moment, in dem es das Leckerchen nehmen will, sagen Sie FALSCH und ziehen zügig die Hand zurück (Vorsicht: Das Fohlen soll dabei nicht erschreckt werden). Einige Pferde reagieren auf diese Handaktion schon mit einem kleinen Zurücknehmen des Kopfes. Aber selbst wenn das Fohlen seinen Kopf einfach ruhig hält und der Hand mit dem Leckerchen hinterherschaut: Sowie das Leckerchen mindestens 30 bis 40 Zentimeter vom Maul entfernt ist, kommen BRAV + Leckerchen (Leckerchen dann mit der anderen Hand geben).

Wenn Sie diese Sequenz mehrmals durchspielen, werden Sie beobachten, dass das Fohlen seinen Kopf mehr und mehr zuverlässig von alleine zurückzieht, sowie es FALSCH hört. Das Zurückziehen muss deutlich sein, aber es reicht anfangs, wenn es nur wenige Zentimeter sind. Wichtig ist Ihr Timing und Tempo. Die ganze Sequenz (a) Fohlennase kommt nach vorne, (b) FALSCH + Hand wegziehen, (c) Leckerchen ist weiter weg von Nase, (d) Belohnung kommt, darf nicht zu langsam sein, sonst kann das Fohlen nicht verknüpfen, dass FALSCH den Misserfolg ankündigt (Misserfolg = Leckerchen vor dem Maul verschwindet).

Das Ziel dieses Schrittes soll sein, dass das Fohlen auf FALSCH hin zuverlässig einen Verhaltensabbruch zeigt. Ursprünglich wollte es mit der Nase nach vorne und an das Leckerchen – nun zieht es auf FALSCH hin die Nase leicht zurück. Das Fohlen lernt: Wenn FALSCH ertönt, ist es das Beste, mit dem gerade gezeigten Verhalten aufzuhören.

Schritt 2: Halten Sie jetzt das Leckerchen dem Fohlen mal mit der einen und mal mit der anderen Hand vor die Nase. Wechseln Sie auch mehrmals den Ort, an dem Sie üben. Es sollten aber immer noch ruhige Orte sein. Für den Ortswechsel reicht anfangs, dass Sie nach einigen Trainingssequenzen einfach einige Meter weitergehen und dort erneut üben. Das Ziel soll sein, dass das Fohlen zuverlässig auf FALSCH hin sein Verhalten abbricht, egal an welchem Ort Sie üben. Dazu sollte die Abbruchbewegung des Fohlens jetzt auch schon etwas deutlicher und stärker sein als in Schritt eins.

Schritt 3: Jetzt sollte das Leckerchen nicht mehr in Ihrer Hand sein, sondern frei platziert werden. Sie können zum Beispiel ein Stück Möhre oder Apfel auf einen umgedrehten Eimer legen. Wichtig ist hierbei, dass Sie das Objekt nötigenfalls kontrollieren können, sollte das Fohlen das FALSCH übergehen. Das Fohlen darf bei diesen Übungen keinen Erfolg haben. FALSCH muss immer bedeuten „Misserfolg, du kommst da gar nicht heran – dann kannst du es auch gleich bleiben lassen“. Sie müssen also schnell mit der Hand am Apfel sein, falls die Nase bei FALSCH nicht zurückgezogen wird. Ich arbeite bei diesem Schritt manchmal mit „Fallen“, indem ich ein Möhrenstück an einen dünnen, kaum sichtbaren Bindfaden binde. Damit kann ich das Möhrenstück zur Not schnell wegziehen und muss als Person nicht so im Vordergrund agieren. Wenn das Fohlen das FALSCH allerdings mehrmals ignoriert, sollten Sie zu Schritt zwei zurückgehen und das Erlernte noch festigen.

Schritt 4: Sie probieren Ihr FALSCH in anderen kontrollierten Situationen aus. Das Öffnen der Boxentür bietet sich dafür gut an, falls Sie ein Fohlen haben, welches dann gerne nach vorne und durch die Öffnung springt. Hier kontrollieren Sie keine Möhre oder andere Leckerchen, sondern die Tür. Öffnen Sie langsam die Tür. Sowie das Fohlen hindurchstürmen will, sagen Sie FALSCH. Wenn das Fohlen nicht im gleichen Moment auf das FALSCH reagiert (zum Beispiel mit Abstoppen), schließen Sie zügig, aber wortlos die Tür. Achtung: Auch hier bitte das Fohlen nicht erschrecken. Danach warten Sie einige Sekunden, und dann beginnt die Übung von vorne.

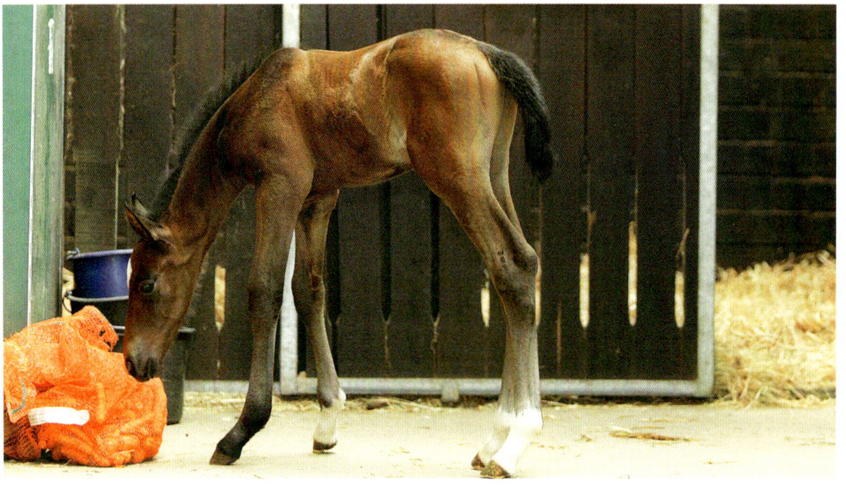

Auf ein FALSCH hin stoppt das Fohlen seine Annäherung an die Möhren und wendet die Nase minimal zur Seite.

Das erste Ziel ist hier, dass das Fohlen auf FALSCH hin jedes „durch die Tür drängeln wollen" unterlässt. Sein eigenständiges Abstoppen auf das FALSCH hin wird belohnt. Wenn dies gut klappt, wird die Tür bei FALSCH auch nicht mehr geschlossen. Das Fohlen hat ja nun gelernt, auf FALSCH hin erst einmal abzuwarten, also kann die Tür offen bleiben. Jetzt können Sie das Fohlen gemütlich durch die offene Tür führen oder Sie erlauben ihm, hindurchzugehen.

Schritt 5: Wenn Schritt vier beim erwachsenen Pferd gut klappt, üben Sie das FALSCH auch vom Sattel aus. Dazu sollten Sie anfangs eine Hilfsperson haben, die zum Beispiel den Eimer mit den Möhrenstücken schnell wegnehmen kann, sollte das Pferd nicht korrekt auf das FALSCH reagieren.

Fragen/Probleme/Fallen

- Beim Gebrauch des Fehlersignals ist es sehr wichtig, dass Sie eine klare Zielvorstellung haben, was das Pferd anstelle des unerwünschten Verhaltens zeigen soll. Überlegen Sie sich vorher, mit welchem Verhalten es auf das FALSCH reagieren soll; dieses Verhalten wird dann im Training punktgenau belohnt.
- Wenn Sie die Sequenzen in einer konkreten Situation mehrmals erfolgreich geübt haben, kann es passieren, dass das Fohlen nicht mehr mit der Nase nach vorne und zum Beispiel an die Möhre will. Im Gegenteil, man bekommt den Eindruck, dass es das Thema „Möhre" krampfhaft vermeidet; es guckt weg, versucht gar nicht, heranzukommen, interessiert sich auffällig für etwas anderes oder albert herum. Solange das Fohlen wirklich weg- oder vorbeischaut, sobald die Hand mit der Möhre sichtbar wird, sollten Sie es auch belohnen. Spielen Sie die Sequenz dann ruhig noch zwei- bis dreimal durch. Das Fohlen zeigt Ihnen durch sein Verhalten, dass es das ganze Problem an sich vermeiden will. Das ist eine gute und wichtige Information, denn es bedeutet, dass das FALSCH wirklich die gewünschte „Misserfolgsinformation" in sich trägt. Wenn das Fohlen allerdings richtig weggeht, herumalbert oder mit der Nase an etwas ganz anderem schnuppert, sollten Sie eine Pause machen und dann noch einmal von vorne beginnen. In diesem Fall ist der Stresslevel des Fohlens zu hoch, als dass das Gehirn noch vernünftig lernen könnte.
- Vermeiden Sie beim Training für das Fehlersignal jede weitere Manipulation. Das Fohlen soll nicht bedrängt oder bedroht werden. Und falls es am Strick gehalten wird, darf nicht daran geruckt werden. Dies gilt auch für ein erwachsenes Pferd. Das Pferd soll nicht lernen, dass der Strick für den Misserfolg bei FALSCH eine wichtige Rolle spielt.

  Wenn Sie das Pferd am Strick fixiert haben, ist der Strick anfangs zwangsläufig Bestandteil der Trainingsumgebung. Dies lässt sich nicht vermeiden, sollte aber durch Ziehen am Strick nicht noch betont werden.

  Sind Sie beim Üben ein wenig fortgeschritten, ist es gut, wenn Sie sich aus dem Strick „ausschleichen". Ab Schritt zwei sollte der Strick länger werden und länger herunterhängen. Das Pferd ist dann zwar noch angebunden, aber sein Bewegungsradius wird größer. Irgendwann ist der Strick dann nicht mehr an der Wand fixiert, sondern liegt über dem Widerrist; und noch später ist kein Strick mehr am Halfter befestigt.

Training für den täglichen Umgang

Sind die Grundlagen für das erfolgreiche Lernen erst einmal gelegt, kann man sich ganz gezielt an die Arbeit machen. Wichtig ist bei allen Übungen, dass man sich Zeit nimmt und das Pferd nicht überfordert. Sonst dauert es unter Umständen noch länger, die Fehler wieder auszumerzen. Lohn für die Arbeit ist nicht nur ein gut erzogenes Pferd, sondern auch eine Partnerschaft, die auf Vertrauen basiert.

Kommen auf Signal

Ziel der Übung

Das Pferd kommt zu Ihnen, sobald das Signal ertönt. Es kommt so eng heran, dass Sie es bequem anfassen können. Es kommt zügig, aber es bremst vor Ihnen ab und überrennt Sie nicht.

Sinn der Übung/Nützlichkeit

Es ist nett, wenn man sein Pferd nicht aus der Tiefe der Koppel abholen muss, sondern wenn es verlässlich zum Tor kommt. In stressreichen Situationen, wenn sich das Pferd losgerissen hat oder der Reiter heruntergefallen ist, kann man es sich mit größerer Wahrscheinlichkeit wieder greifen.

Dem Pferd beim Einfangen hinterherlaufen zu müssen ist frustrierend.

Vorbereitung/Hilfsmittel

- Belohnungssignal ist bereits gelernt.
- Sie beginnen an einem „ruhigen Ort“ und steigern langsam die Ablenkungsfaktoren.
- Sie haben sich ein Signal überlegt; das kann der Name des Pferdes sein, ein Pfiff oder ein Wort wie HIER etc. – der Fantasie sind keine Grenzen gesetzt.

Trainingsablauf

Schritt 1: Stellen Sie sich leicht seitlich neben das Pferd und bieten Sie ihm auf der ausgestreckten Hand ein Leckerchen an. Ihre Entfernung sollte so sein, dass das Pferd mit sehr langem Hals gerade noch darankommen kann. Wenn es den Hals ausstreckt und kurz bevor es das Leckerchen nimmt, sagen Sie das Signal (zum Beispiel HIER) laut und deutlich. Genau während es das Leckerchen nimmt, sagen Sie BRAV.

Schritt 2: Diese Übung wiederholen Sie einige Male. Dazwischen ist Ihre Hand immer leer und der Arm hängt herunter. Sollte das Pferd dagegenstupsen, drehen Sie sich einfach weg.

Schritt 3: Wenn das Pferd den Hals sofort lang macht, wenn Sie auch nur im Ansatz Ihre Hand ausstrecken, vergrößern Sie die Distanz zum Pferd. Jetzt muss es einen Schritt in Ihre Richtung gehen, um an das Leckerchen zu kommen. Immer noch „begleiten" Sie diese Bewegung mit HIER und sagen BRAV, wenn es das Leckerchen nimmt.

Schritt 4: Wenn sich das Pferd auch über mehrere Schritte sehr sicher zur Hand hin orientiert, wird diese nur noch kurz ausgestreckt und während der Bewegung des Pferdes zu Ihnen, nach dem HIER, wieder heruntergenommen. Sowie das Pferd bei Ihnen ist, kommt Ihr BRAV und Sie geben ihm das Leckerchen.

Schritt 5: Allmählich wird die Distanz mehr und mehr vergrößert, bis das Pferd mindestens vier Meter zu Ihnen gehen muss, um das Leckerchen zu erreichen. Versuchen Sie dabei Ihre Hand immer dezenter auszustrecken und das HIER immer deutlicher zu betonen. Versuchen Sie jetzt auch, das HIER möglichst am Anfang der Vorwärtsbewegung zu sagen.

Schritt 6: Wenn Sie über einige Tage das Niveau von Schritt fünf im Training erreicht haben und Ihr Pferd wirklich zuverlässig kommt, lassen Sie die Hand ganz weg und versuchen, ob Sie rein über das HIER ein Herankommen auslösen können.

Erfolgreiches Training: Das Pferd wird auf Distanz gerufen und kommt zügig aus dem Stall.

Auf dieser Stufe sollten Sie jetzt einige Zeit bleiben und die ganze Sequenz gut festigen. Erst wenn Ihr Pferd über mehrere Tage hinweg wirklich zuverlässig auf das HIER zu Ihnen kommt, können Sie entweder den Ort wechseln, die Entfernung noch weiter vergrößern oder am gewohnten Ort Ablenkungen einbauen (zum Beispiel die Anwesenheit anderer Pferde).

Fragen/Probleme/Fallen

- Das Signal für „Herankommen" wird dann am sichersten und schnellsten gelernt, wenn es anfangs gleichzeitig zur Handlung (Pferd kommt auf Sie zu – aus welchem Grund auch immer) gesagt wird. Dann kann das Gehirn gar nicht anders, als HIER mit „Herankommen" zu verknüpfen. Wenn Sie zu früh versuchen, Ihr Pferd mit dem HIER tatsächlich heranzurufen, stellen Sie Ihr Glück auf die Probe. Die Gefahr besteht, dass das HIER dann von Anfang an nicht korrekt gelernt wird. Wenn Sie mehrmals HIER sagen, ohne dass das Pferd kommt, verknüpft es womöglich HIER mit „auf Entfernung stehen".
- Je nachdem, wie weit Sie die Hand mit dem Leckerchen vom Körper weg halten, kommt auch das Pferd mehr oder weniger eng heran.
- Das Pferd sollte sich die ganze Zeit ruhig bewegen. Wird es bei den ersten Übungen zu hektisch, nehmen Sie etwas weniger „tolle" Leckerchen oder führen diese Übungen mit einem müden Pferd durch.
- Die Belohnung erfolgt genau in der Sekunde, wenn das Pferd nach dem Herankommen vor Ihnen steht. Diese sehr kurzen Zeitabstände erfordern ein exaktes Timing – aber das Pferd sollte wirklich stehen, wenn es das BRAV hört. Zu dem Signal HIER gehört ja nicht nur das Kommen zum Menschen, sondern auch das Ankommen. Wenn Sie die Belohnung zu früh geben, lernt das Pferd kein vernünftiges (ruhiges) Finish für diese Übung.

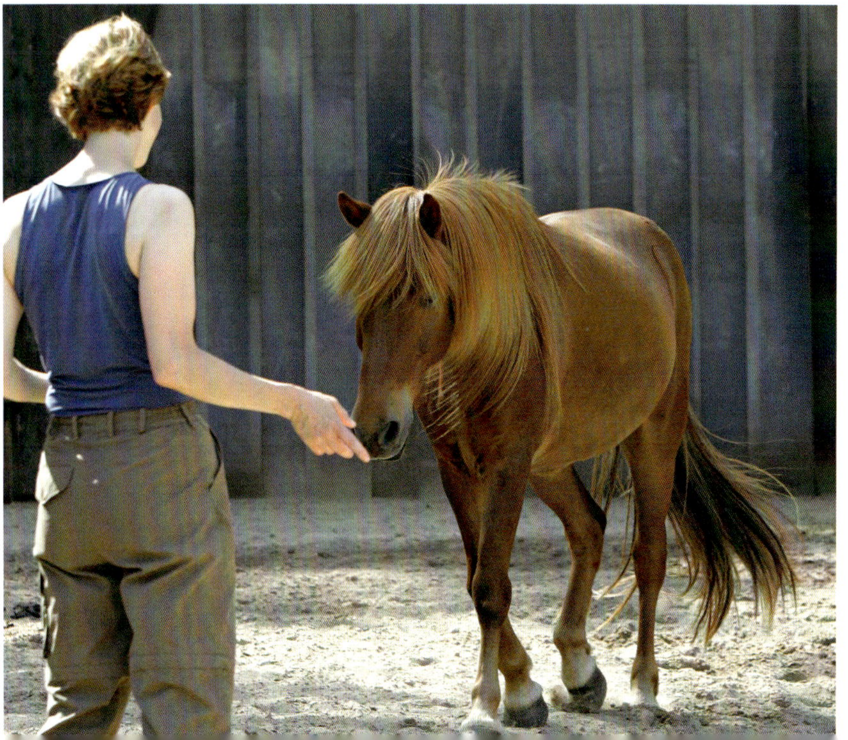

Die Belohnung kommt erst dann, wenn das Pferd wirklich bei Ihnen ist.

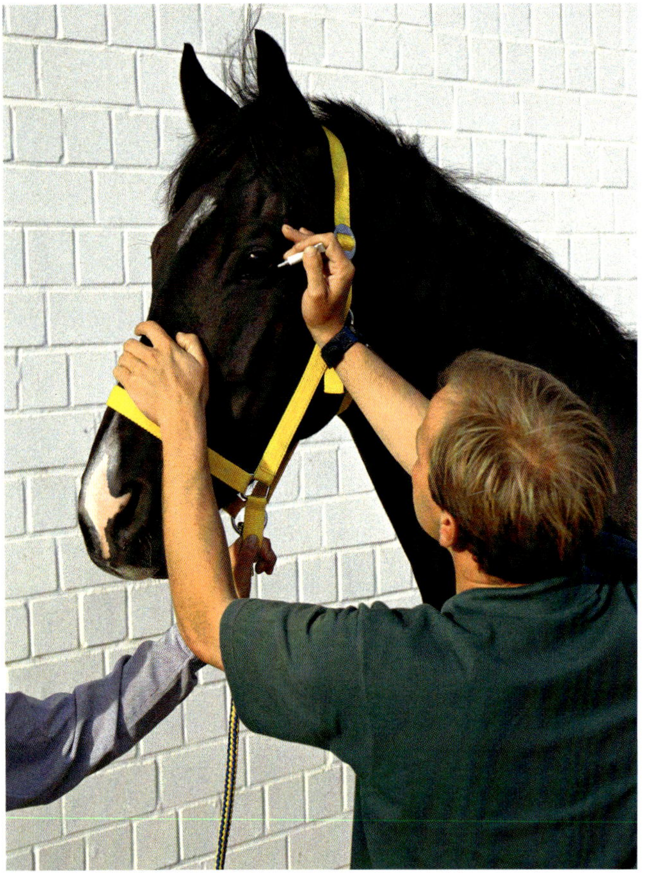

Jeder Tierarzt freut sich über solch ein ruhiges Pferd. Hier wäre zusätzlich ein Signal zum „Kopf tief nehmen" hilfreich.

Kopf tief nehmen

Ziel der Übung

Das Pferd senkt auf ein Signal hin den Kopf ab.

Sinn der Übung/Nützlichkeit

Es erleichtert das Aufhalftern oder Auftrensen, wenn das Pferd auf Signal den Kopf tief nimmt. Auch die Kontrolle der Augen oder Ohren oder zum Beispiel das Einbringen von Augensalben wird so unproblematisch.

Vorbereitung/Hilfsmittel

- Das Belohnungssignal ist bereits gelernt.
- Sie beginnen an einem „ruhigen Ort" und steigern langsam die Ablenkungsfaktoren.
- Sie haben sich ein Signal überlegt (zum Beispiel TIEF).

Trainingsablauf

Schritt 1: Sie arbeiten zweifach auf Ihr Trainingsziel hin. Zum einen werden Sie jeden Moment, in dem das Pferd den Kopf von alleine absenkt, mit dem Signal TIEF markieren, und das Pferd sofort im Anschluss belohnen.

Schritt 2: Zum anderen provozieren Sie Situationen, in denen das Pferd den Kopf absenkt: Sie halten ihm Ihren Handrücken ca. 20 Zentimeter unter die Nase. Sowie das Pferd den Kopf herunter nimmt, sagen Sie sehr deutlich TIEF und belohnen. Die meisten Pferde werden den Kopf absenken, um die Hand zu inspizieren. Wenn Ihr Pferd das nicht tun sollte, animieren Sie es durch ein Leckerchen auf dem Handrücken. Ihr BRAV muss nach dem TIEF und genau dann kommen, wenn das Pferd das Leckerchen nimmt.

Schritt 3: Wie tief das Pferd den Kopf nimmt, bestimmen Sie durch die Belohnung. Wenn Sie immer bei 20 Zentimetern belohnen, wird es den Kopf auch später nur so weit absenken.

Schritt 4: Im weiteren Verlauf sagen Sie das akustische Signal TIEF immer deutlicher und zeigen den Handrücken immer kürzer.

Schritt 5: Sagen Sie TIEF deutlich zu Beginn der Kopfbewegung; nach drei bis vier solcher Wiederholungen versuchen Sie, über TIEF die Kopfbewegung auszulösen. Wenn dies klappt, üben Sie auf diesem Stand weiter. Wenn es nicht klappt, müssen Sie noch etwas länger den Beginn des Absenkens mit TIEF begleiten (also zwischen Schritt vier und fünf hin und her pendeln).

Fragen/Probleme/Fallen

- Auch bei dieser Übung wird das Kommando am sichersten gelernt, wenn TIEF anfangs die Kopfbewegung begleitet und nicht zu früh dazu benutzt wird, das Absenken des Kopfes auszulösen.
- Beginnen Sie auch nicht zu früh mit zu vielen Ablenkungen. Führen Sie diese langsam ein, so wie bei der Übung „Kommen auf Signal" beschrieben.
- Verbinden Sie TIEF nicht zu früh mit unangenehmen Dingen (Augensalbe einbringen etc.).

Aufhalftern und Auftrensen

Ziel der Übung

Das Pferd steckt auf Signal hin die Nase freiwillig ins Halfter bzw. nimmt die Trense ins Maul.

Sinn der Übung/Nützlichkeit

Es ist unangenehm, einem widerspenstigen Pferd Halfter und Trense aufzuzwingen. Durch ein Signal für Auftrensen gelingt dies ohne Konflikte und die Reitstunde beginnt gleich viel entspannter.

Vorbereitung/Hilfsmittel

- Das Belohnungssignal ist bereits gelernt.
- Das Pferd kann auf Signal den Kopf tief nehmen.
- Von Vorteil, aber nicht zwingend nötig: Das Pferd kennt ein Stehkommando.
- Sie beginnen an einem „ruhigen Ort" und steigern langsam die Ablenkungsfaktoren.
- Sie haben sich Signale überlegt (zum Beispiel ANZIEHEN für das Halftern und Auftrensen).

Trainingsablauf

Schritt 1: Sie beginnen mit dem Aufhalftern: Geben Sie dem Pferd das Signal zum Kopfabsenken; die Belohnung fällt aber aus, denn die Übung geht sofort nahtlos weiter.

Schritt 2: Wieder wird das Neugierverhalten der Pferde ausgenutzt: Halten Sie das Halfter so vor den Kopf, dass das Pferd den abgesenkten Kopf nur leicht nach vorne bewegen muss und damit die Nase schon halb hineinsteckt. Sagen Sie ANZIEHEN, sowie die Nase drin steckt und belohnen Sie sofort.

Schritt 3: Nehmen Sie das Halfter kurz weg und zeigen Sie es danach sofort wieder. Am besten ist es jetzt, wenn das Pferd den Kopf zwischen den Sequenzen gar nicht erst hochnimmt. Wenn die Pferde gut im „Trainingsmodus" sind (Trainingsmodus = Erwartungshaltung „es passiert was"), werden die allermeisten den Kopf auch tief lassen. Wenn Ihr Pferd doch den Kopf hochnehmen sollte, sagen Sie wieder TIEF.

Schritt 4: Das Zwischenziel ist erreicht, wenn das Pferd beim Anblick des Halfters den Kopf absenkt und in einer fließenden Bewegung die Nase hineinsteckt. Dieses Verhalten wird mit ANZIEHEN begleitet und belohnt. TIEF brauchen Sie dann nicht mehr.

Schritt 5: Bauen Sie jetzt eine leichte Zeitverlängerung ein: Das Pferd soll die Nase eine kurze Zeit im Halfter lassen. Die Zeitverlängerung bauen Sie auf, indem Sie ganz langsam die Belohnung hinauszögern.

Schritt 6: Wenn das Pferd die Nase mindestens drei Sekunden im Halfter lässt, ziehen Sie die Seitenteile langsam am Kopf hoch. Dabei sagen Sie noch einmal ANZIEHEN und belohnen, sowie das Genickstück am Platz ist. Dann wird das Halfter abgenommen und die Übung beginnt von vorne.

Dieses Pferd steckt die Nase schon freiwillig ins Halfter. Jetzt geht es um die Zeitverlängerung, damit es später das Halfter ganz entspannt trägt.

Schritt 7: Verlängern Sie dann langsam die Zeit, die das Pferd das Halfter trägt. Auch hier erfolgt die Zeitverlängerung über das Herauszögern der Belohnung.

Schritt 8: Das Anlegen der Trense wird im Grunde genauso trainiert wie das Anlegen des Halfters. Wenn das Pferd das Halfter schon kennt, wird es bei ANZIEHEN die Nase auch in das Zaumzeug stecken. Die Trense wird dabei auf der flachen Hand angeboten.

Die meisten Pferde erkunden dieses „Objekt" spontan mit dem Maul. Wenn die Trense im Maul ist, wird belohnt. Am besten ist es, wenn das Pferd das Leckerchen nimmt, ohne die Trense auszuspucken, und zum Glück tun dies viele Pferde. Wenn Ihr Pferd da anders ist, versuchen Sie, das Leckerchen so schnell zu geben, dass das Pferd im Maul noch sortieren muss: Trense ausspucken und parallel Leckerchen nehmen. So bekommt es ein Gefühl für das Objekt im Maul und über kurz oder lang wird es das Leckerchen auch mit Trense nehmen.

Schritt 9: Der weitere Weg folgt dann den Schritten fünf bis sieben beim Halftertraining.

Fragen/Probleme/Fallen

- Diese Übungen sind gleichermaßen für Pferde, die das Auftrensen etc. erst kennenlernen sollen und für Pferde, die damit schon unangenehme Erfahrungen gemacht haben und bei denen diese Maßnahmen jetzt problematisch verlaufen.
- Auch hier gilt: nicht zu schnell bei den Zeitverlängerungen voranschreiten. Festigen Sie erst jeden Schritt (durch häufige erfolgreiche Wiederholungen), bevor Sie zum nächsten übergehen.
- Abwehrverhalten des Pferdes gegen das weitere Anlegen von Halfter oder

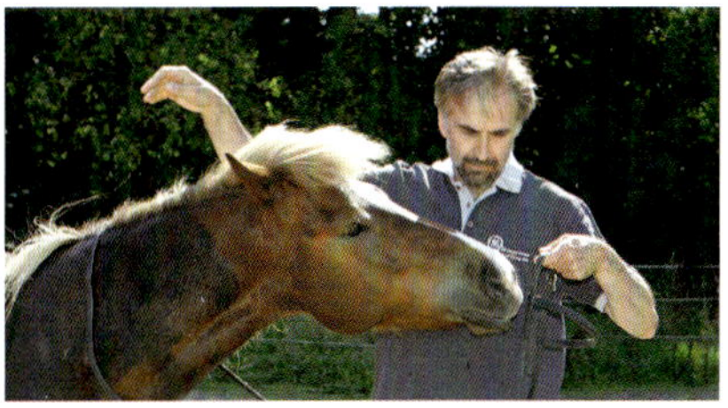

Auftrensen: Das Pferd kann es gar nicht erwarten, die Nase in die Trense hineinzustecken. Sowie das Gebiss im Maul ist, gibt es das Leckerchen.
In diesem Fall gab es einige Leckerchen in Folge.

Zaumzeug ist ein Zeichen, dass Sie zu schnell zu viel erreichen wollten. Wenn Abwehrverhalten auftritt, gehen Sie wieder bis zu dem Schritt zurück, den das Pferd problemlos meisterte, und arbeiten sich langsamer von hier aus vor.

- Es ist kein Problem, für beide Objekte (Halfter und Zaumzeug/Trense) das gleiche Signal zu nehmen (ANZIEHEN), denn der Vorgang ist ähnlich und die Pferde können anhand der Objekte genau zuordnen, was kommt.

Satteln

Ziel der Übung

Das Pferd steht ruhig und entspannt, während es gesattelt wird. Es bleibt vor allen Dingen ruhig, wenn der Gurt angezogen wird.

Sinn der Übung/Nützlichkeit

Ein entspanntes und ruhiges Pferd ist schnell und problemlos gesattelt. Angst vor dem Sattel oder Stress, wenn der Gurt angezogen wird, sind ein schlechter Start in die Reitstunde.
Ein hektisch zur Seite springendes Pferd kann Menschen oder sich selbst verletzen. Probleme beim Gurtanziehen können Probleme beim Aufsteigen nach sich ziehen.

Vorbereitung/Hilfsmittel

- Das Belohnungssignal ist bereits gelernt.
- Das Pferd trägt das Halfter entspannt.
- Von Vorteil, aber nicht zwingend nötig: Das Pferd kennt ein Stehkommando.
- Sie beginnen an einem ruhigen und dem Pferd gut bekannten Ort.

Trainingsablauf

Schritt 1: Das Satteltraining ist ein reines Gewöhnungstraining an „das Ding“ auf dem Rücken, an Druck und strammen Gurt. Wenn das Pferd ein Stehkommando beherrscht, kann man es vorher geben. Die Übung geht aber auch, wenn das Pferd einfach mit einem Strick angebunden ist oder von jemandem gehalten wird.
Nähern Sie sich mit dem Sattel auf dem Arm dem Pferd und versuchen Sie langsam, den Sattel auf den Rücken zu legen. Beobachten Sie das Pferd genau und brechen Sie die Übung in dem Moment ab, wenn es beginnt, Stress und Unruhe zu zeigen. Das Pferd soll den Sattel nicht als einen Stressor kennenlernen, sondern als etwas, das angenehme Dinge mit sich bringt. Wenn die Unruhe zum Beispiel in dem Moment beginnt, wo Sie den Sattel eng am Pferd höher und über den Rücken heben, ist

Leichte Unruhe beim Satteln. Nehmen Sie sich Zeit für das Gewöhnungstraining.

dies Ihr Übungspunkt für die nächste Zeit. Genau diese Sequenz wiederholen Sie jetzt viele Male, ohne dass der Sattel weiter auf den Rücken kommt. Langsam lernt das Pferd, dass der Mensch hier nur das Fitnessstudio mit der Stallgasse vertauscht hat und ansonsten nichts Dramatisches passiert: Das Pferd beginnt sich zu entspannen und diese Entspannung wird belohnt.

Schritt 2: Jetzt wird der Prozess des Sattelns langsam fortgesetzt bis zum nächsten Punkt, an dem das Pferd unruhig wird. Dies kann zum Beispiel der Moment sein, in dem das Gewicht des Sattels voll auf dem Rücken liegt. Hier schließt sich wieder eine Phase der Gewöhnung an.

Schritt 3: Wenn das Pferd den Sattel ruhig auf dem Rücken trägt, sollten Sie eine Bewegungsphase einbauen, bevor es an das Gurten geht. Führen Sie das Pferd ruhig einige Meter auf und ab. Es soll sich daran gewöhnen, das Objekt auf dem Rücken auch bei Bewegung zu tragen und zu spüren. Belohnen Sie entspanntes Gehen.

Schritt 4: Jetzt darf der Gurt seitlich hängen beim Führen. Das Pferd soll sich daran gewöhnen, dass etwas am Sattel baumelt und gegen die Brustwand scheuert, oder ein Vorderbein beim Gehen berührt.

Schritt 5: Wenn sich das Pferd mit schlackerndem Gurt und lockerem Sattel auf dem Rücken problemlos führen lässt, wird es wieder angebunden und Sie strecken eine Hand unten dem Bauch hindurch, um den Gurt auf die linke Seite zu holen. Achten Sie hier besonders auf jedes Stresszeichen, um dann rechtzeitig zu stoppen und für genau diese Situation wieder eine Gewöhnung zu erreichen. Wenn das Pferd zum Beispiel keine Probleme damit hat, dass Ihre Hand unter dem Bauch ist, aber sofort zuckt, wenn Sie versuchen, den Gurt zu sich auf Ihre Seite zu ziehen, ist dies der Punkt, an dem weitergeübt wird. Strecken Sie Ihre Hand viele Male unter dem Bauch durch und tasten Sie kurz nach dem Gurt, ohne ihn aber näher heranzuziehen. Sie arbeiten jetzt wie schon in Schritt zwei beschrieben.

Diese Sequenz mit dem Gurt wird so oft wiederholt, bis das Pferd dabei entspannt steht. Die Entspannung wird belohnt, und langsam versuchen Sie, den Gurt weiter und weiter zu sich zu ziehen. Immer wenn das Pferd unruhig wird, wird wieder eine kurze Wiederholungsphase eingeschoben.

Schritt 6: Der Gurt wird langsam angezogen. Auch hier gilt: Zeigt das Pferd Stress, wird auf dieser Stufe innegehalten und es beginnt wieder eine Gewöhnungsphase. Wenn der Gurt angezogen ist, wird noch einmal eine Phase des Führens eingeschoben.

Fragen/Probleme/Fallen

- Ein spezielles akustisches Signal zum Aufsatteln braucht man eigentlich nicht, denn der Sattel ist ein herausragendes optisches Signal.
- Bemühen Sie sich um eine wirklich ruhige und langsame Vorgehensweise und arbeiten Sie die Sattelgewöhnung Schritt für Schritt ab. Ein Sattel ist ein unhandliches Objekt und es kann unbequem sein, ihn eventuell lange auf dem Arm tragen zu müssen. Deshalb ist es am besten, wenn Probleme gar nicht erst entstehen.

Info | Sattelprobleme

Wenn sich ein Problem beim Aufsatteln plötzlich entwickelt, sollten Sie unbedingt auch überprüfen, ob Ihr Pferd Schmerzen hat. Vielleicht passt der Sattel nicht mehr richtig oder er ist in einer Art und Weise beschädigt, die dem Pferd wehtut. Möglicherweise hat das Pferd auch Rückenschmerzen oder andere medizinische Probleme und wehrt sich deswegen gegen das Satteln. Seien Sie achtsam und ziehen Sie im Zweifelsfall einen Tierarzt zu Rate.

- Wenn das Pferd allerdings schon Angst vor dem Sattel hat und Abwehrverhalten zeigt, müssen Sie ein Training durchführen wie ab Seite 93 beschrieben.

Hierfür müssen Sie genau bestimmen, ab wann bei Ihrem Pferd der Stress beginnt. Ist es der Moment, wenn es den Sattel sieht oder wenn der Sattel auf den Rücken gehoben wird? Es kann auch schon der Moment sein, wenn das Pferd in die Stallgasse geführt wird und die ganze Prozedur des Sattelns und Auftrensens losgeht. Das Gewöhnungstraining sollte nicht mittendrin beginnen, sondern wirklich am Anfang des Problems.

Jetz hat das Pferd gelernt, beim Satteln absolut ruhig zu stehen.

Das Pferd folgt anfangs dem Target. Später geht es ohne Target auf Signal neben dem Menschen.

Gehen neben dem Menschen

Ziel der Übung

Das Pferd geht am lockeren Strick (oder ohne Strick) direkt neben dem Menschen; es trödelt nicht, springt nicht zur Seite und läuft nicht vor.

Sinn der Übung/Nützlichkeit

Ein Pferd, welches sich problemlos führen lässt, macht das Leben angenehmer. Wenn das ruhige und entspannte Gehen neben dem Menschen sehr intensiv geübt wurde, kann man das Pferd so auch sicherer durch eventuell stressreiche Situationen „hindurchführen".

Vorbereitung/Hilfsmittel

- Das Belohnungssignal ist bereits gelernt.
- Target ist bereits gut gelernt.
- Das Pferd trägt Halfter und Trense entspannt.
- Sie beginnen an einem „ruhigen Ort" und steigern langsam die Ablenkungsfaktoren.
- Sie haben sich ein Signal überlegt (zum Beispiel VORAN).

Trainingsablauf

Schritt 1: Eine gute Möglichkeit für den Trainingsbeginn ist das Folgen des Targets. Hierzu stellen Sie sich seitlich auf Kopfhöhe neben das Pferd. Halten Sie dem Pferd das Target vor die Nase, sodass es einen Schritt nach vorne machen muss, um es anzustupsen. Sagen Sie BRAV und gehen Sie auch einen Schritt vor. Das Pferd muss nun also dem Target folgen, um es wieder anzustupsen.

Bei dieser Übung kommt die vollständige Belohnung (BRAV + Leckerchen) nicht nach jedem Stupsen. Jedes Pferd ist unterschiedlich in seiner Frustrationstoleranz. Beim einen kommen BRAV+Leckerchen nach dem dritten Stupsen, beim nächsten nach dem fünften. Sie müssen für Ihr Pferd herausfinden, wie viele Stupser nur mit dem BRAV begleitet werden können. Es soll immer so gearbeitet werden, dass das Pferd nicht die Lust an der Übung verliert und weiterhin interessiert dem Target folgt. Wenn Sie bei fünf Stupsern (nur BRAV) und einer kompletten Belohnung (BRAV + Leckerchen) angefangen haben, dann arbeiten Sie sich allmählich auf zehn Stupser und eine komplette Belohnung vor.

Schritt 2: Sie steuern über das Target genau, in welcher Position das Pferd neben Ihnen läuft – je nachdem, wie weit sie das Target nach vorne oder von sich weg halten. So können Sie zum Beispiel genau bestimmen, ob das Pferd 20 oder 50 Zentimeter seitlich neben Ihnen läuft und ob sein Schulterblatt oder der Kopf direkt auf Höhe Ihres Schultergelenks ist.

Schritt 3: Jetzt wird nicht mehr jeder Stupser mit dem BRAV belegt. Ab jetzt soll das Pferd mehrmals stupsen, bevor es überhaupt ein BRAV hört – und erst nach dem fünften BRAV kommt auch einmal ein Leckerchen. Das Ziel soll sein, dass das Pferd sicher zum Beispiel auf der langen Hallenseite dem Target folgt und dabei ruhig neben Ihnen geht. Es erhält höchstens zweimal auf dieser Strecke ein BRAV und nur am Ende ein Leckerchen.

Schritt 4: Wenn das Pferd zügig und gut neben Ihnen hergeht, nehmen Sie zwischendurch immer einmal das Target herunter (Arm absenken), sodass das Pferd einen oder sogar zwei Schritte ohne Target vor der Nase neben Ihnen macht. Diesen Schritt belohnen Sie im Gehen mit BRAV + Leckerchen. Wenn Sie mehr Schritte ohne Target schaffen, wird zwischendurch mit BRAV belohnt und das Leckerchen folgt erst nach mehreren BRAV.

Sie arbeiten wie in Schritt drei beschrieben weiter und kommen langsam in den Modus, dass Sie mehr und mehr Schritte „Gehen ohne Target" variabel belohnen.

Schritt 5: Ab jetzt wird nur noch das Gehen ohne Target belohnt. Das Target wird als Starter für die Gesamtaktion genommen – quasi, um Ihr Pferd vom Ausgangspunkt in Bewegung zu setzen.

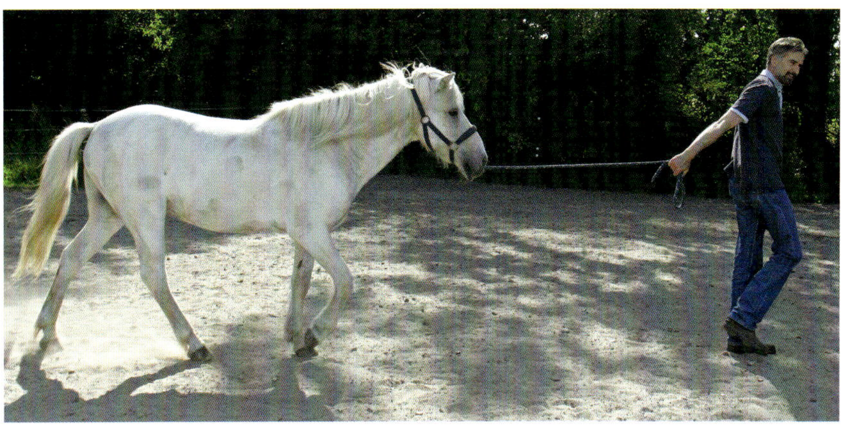

So sollte das Führen nicht geübt werden. Das Pferd wird gezogen – ein entspanntes und sauberes Gehen neben dem Menschen lernt es dadurch nicht.

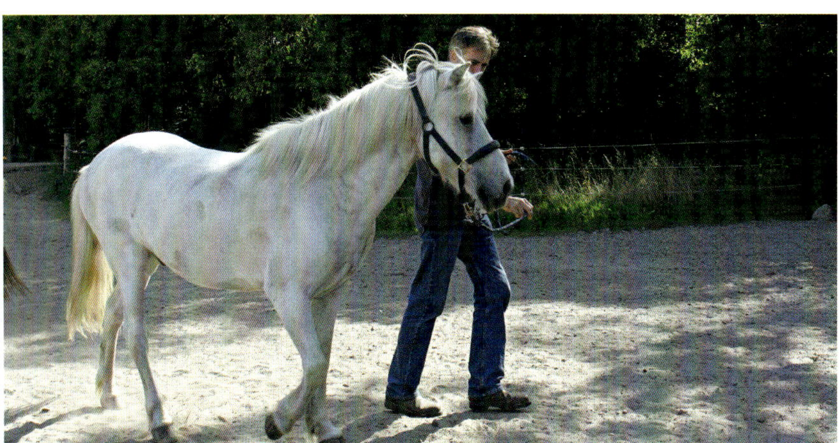

Besser ist das gemeinsame Starten in die korrekte Bewegung und Belohnung des gewünschten Verhaltens.

Schritt 6: Jetzt sagen Sie deutlich VORAN, während das Pferd neben Ihnen geht. Wichtig ist, dass das erste VORAN auf alle Fälle genau in dem Moment kommt, in dem sich das Pferd gerade neben Ihnen in Bewegung gesetzt hat. Zwei bis drei weitere Signale sollten es dann auf einer Strecke von 50 Metern noch sein. So hat das Pferd wieder eine exakte Verknüpfung, welches Verhalten zum Signal VORAN gehört. Mit dem BRAV wird variabel belohnt und dem letzten BRAV auf der Strecke folgt auch ein Leckerchen. Das Target brauchen Sie jetzt nicht mehr.

Schritt 7: Verlängern Sie die Strecke weiter und bauen Sie dann auch Kurven ein. Fangen Sie langsam an, auch bei Ablenkungen zu trainieren.

Tipp | Training ohne Target

Die Übung lässt sich auch ohne Target durchführen. Dazu stellen Sie sich neben das Pferd in Startposition und gehen mit einem deutlichen Schritt los. In ablenkungsarmer Umgebung machen die meisten Pferde spontan einige Schritte neben dem Menschen.
In diesem Fall würden Sie bei Schritt sechs des Trainingsablaufes einsteigen. Sie müssten anfangs sehr regelmäßig belohnen und erfahrungsgemäß braucht es mehr Zeit, bis Sie eine längere Strecke bei variabler Belohnung mit Ihrem Pferd gehen können. Ohne Target sind die Pferde anfangs auch weniger aufmerksam für die Übung.

Entspanntes Führen in den Hänger. Keine Selbstverständlichkeit, sondern das Ergebnis von Training.

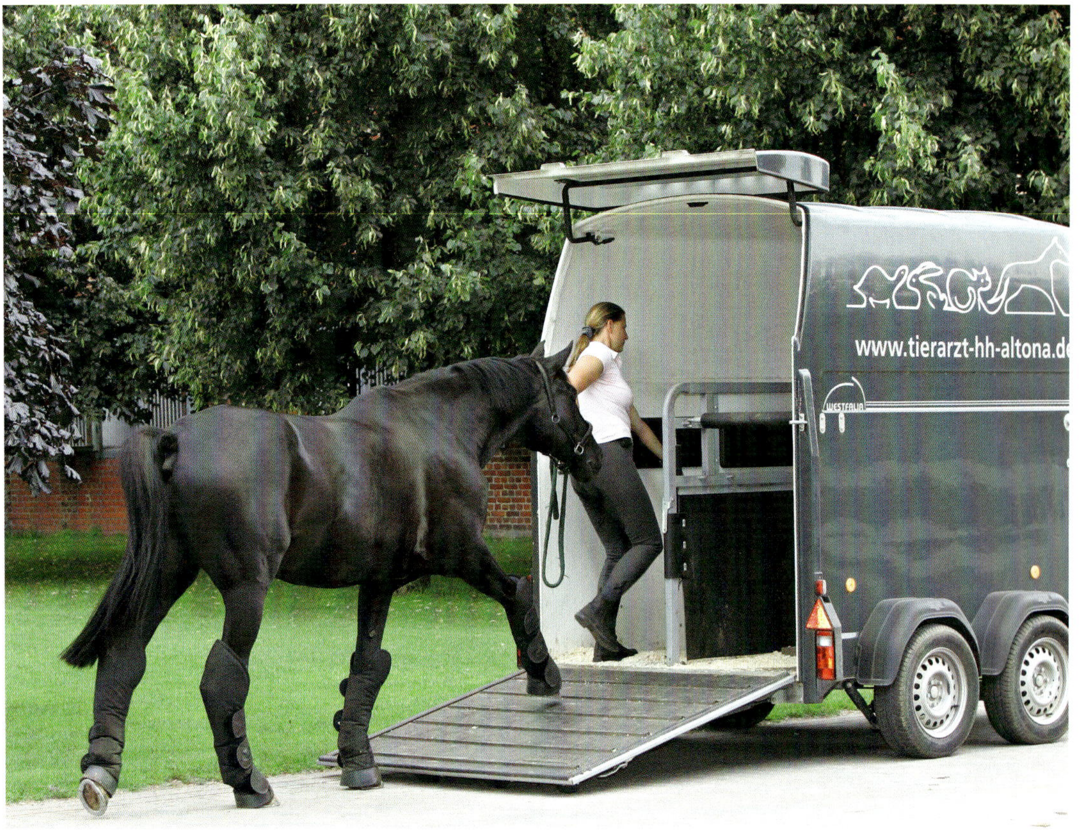

Fragen/Probleme/Fallen

- Wenn Sie das Target auch noch für andere Übungen benutzen wollen, ist es wichtig, dass Sie den Prozess des „Ausschleichens“ aus dem Target so durchführen wie auf Seite 61 dargestellt. Erst wenn die Übung ohne Target gut klappt, sollten Sie andere Übungen, bei denen Sie das Target auch benutzen wollen, angehen.
- Sie können diese Übung mit und ohne Strick durchführen. Denken Sie daran, dass der Strick (wenn Sie nur mit Strick arbeiten) zur Gesamtsituation „Gehen neben Mensch“ dazugehört. Wenn Sie dann irgendwann doch ohne Strick üben möchten, kann es sein, dass Sie sich aus dem Strick umständlich ausschleichen müssen. Aus diesem Grund ist es sinnvoll, von Anfang an mit und ohne Strick zu arbeiten.
- Wenn das Pferd am Strick zu schnell oder zu langsam geht, regulieren Sie das Tempo auf keinen Fall über den Strick, sondern nur über das Target. Lassen Sie das Pferd die Erfahrung machen, dass es negative Konsequenzen hat (= kein Leckerchen), wenn es sich nicht genau an die Spielregel hält, die Sie aufstellen. Beenden Sie die Übung dann und beginnen Sie noch einmal korrekt.

Stehenbleiben auf Kommando

Ziel der Übung

Das Pferd bleibt auf ein Signal von Ihnen sofort stehen, egal wie weit Sie vom Pferd entfernt sind. Dies soll auch unter dem Reiter funktionieren. Das Pferd steht so lange, bis Sie ihm ein anderes Signal (zum Beispiel für Weitergehen) geben.

Im oberen Bild hat der Mensch den Impuls zum Stehen gegeben und dann belohnt. Im unteren Bild wird das Stehen trotz Bewegungen des Menschen geübt.

Sinn der Übung/Nützlichkeit

Es gibt viele Situationen, in denen dieses Signal nützlich ist: Satteln, Aufsteigen, Hufschmied, Tierarztbehandlung, wenn etwas Unvorhergesehenes passiert oder sich das Pferd erschreckt.

Vorbereitung/Hilfsmittel

- Das Belohnungssignal ist bereits gelernt.
- Target ist bereits gelernt.
- Das Pferd trägt Halfter und Trense entspannt.
- Sie beginnen an einem „ruhigen Ort“ und steigern langsam die Ablenkungsfaktoren.
- Das Pferd hat bereits gelernt, auf Signal neben dem Menschen zu gehen.
- Sie haben sich ein Signal überlegt (zum Beispiel STEH).

Trainingsablauf

Schritt 1: Diese Übung lässt sich am einfachsten aus dem Training für das Gehen neben dem Menschen aufbauen. Wenn das Pferd auf das einmalige Signal VORAN bereits sicher über eine längere Strecke neben Ihnen geht, bleiben Sie einfach wortlos mitten im Gehen stehen. Dazu sollte das Gehtempo anfangs nicht zu schnell sein. Die meisten Pferde bleiben spontan stehen, weil Sie bei dieser Übung sehr auf den Menschen und die korrekte Position neben ihm fokussiert sind. In dieses Stehenbleiben hinein kommt Ihr STEH und direkt danach die komplette Belohnung.

Schritt 2: Wiederholen Sie dieses kurze Stehenbleiben und Losgehen häufig, aber wahllos in die fortgeschrittene Gehübung eingestreut. Sagen Sie immer deutlich STEH, wenn das Pferd Anstalten zum Stehenbleiben macht. Bleiben Sie auf diesem Stadium einige Tage.

Schritt 3: Jetzt läuft es umgekehrt: Sie gehen sehr langsam mit dem Pferd und sagen im Gehen STEH. Sowie das Pferd abstoppt, bleiben Sie auch stehen; parallel kommt die Belohnung. Jetzt löst das STEH das Stehenbleiben aus, und nicht mehr Ihr Abstoppen, denn das kommt tatsächlich erst zeitverzögert. Bemühen Sie sich anfangs um sehr kurze Zeitabstände und gutes Timing. Wenn Sie zu langsam anhalten, besteht die Gefahr, dass das Pferd zwar kurz in seinem Schritt verharrt, aber dann wieder losgeht.

Auch für solche Situationen kann ein Steh-Kommando nützlich sein.

Die Besitzerin übt parallel zum akustischen Signal ein Handzeichen für das STEH.

Schritt 4: Wenn Sie durch STEH sicher ein Stehenbleiben auslösen können, beschleunigen Sie langsam das Tempo, aus dem angehalten wird. Immer noch sind die Stehphasen selbst sehr kurz. Wenn das Pferd zuverlässig und zügig auch aus dem Trab anhält, kommt der nächste Schritt.

Schritt 5: Jetzt lernt das Pferd, stehen zu bleiben, selbst wenn Sie weitergehen. Hierzu schlagen Sie im Training wieder eine gemütlichere Gangart an. Die Übung wird mit langem Strick oder ohne Strick gemacht. Wenn das Pferd nach dem STEH steht, machen Sie einen kleinen weiteren Schritt. Bleibt das Pferd dabei stehen, kommt jetzt die Belohnung für die ganze Übung.

Wenn das Pferd Ihnen sofort folgt, darf Ihre Bewegung anfangs kein ganzer Schritt sein. Bei einigen Pferden deutet man den Schritt durch ein Heben des Beines an, bei anderen lehnt man nur den Oberkörper nach vorne. Eventuell nützt es auch, den Schritt nicht direkt in Gehrichtung, sondern leicht seitlich zu machen. Was beim jeweiligen Pferd am besten ist, muss man ausprobieren. Sinn dieser Übung ist, dass das Pferd stehen bleibt, obwohl Sie sich bewegen – und die Toleranzgrenze Ihres Pferdes bestimmt dabei, wie intensiv Sie sich zu Beginn der Trainingssequenz bewegen können.

Das Ziel dieser Etappe soll sein, dass Sie einen Schritt machen, während das Pferd noch steht. Falls Sie Ihr Pferd dabei am Strick führen, muss dieser immer locker bleiben.

Schritt 6: Allmählich wird die Schrittzahl erhöht. Je weiter Sie sich vom Pferd entfernen, desto korrekter müssen Sie das Ende der Übung gestalten: Sie gehen zum stehenden Pferd zurück und BRAV+Leckerchen kommen erst, wenn Sie dort wieder angekommen sind.
Ziel dieser Sequenz soll sein, dass das Pferd auf STEH zackig anhält und ruhig über mindestens 30 Sekunden stehen bleibt, während Sie knapp zehn Meter nach vorne weg und wieder zurückgehen können.

Auch wenn Sie nicht so akrobatisch auf Ihr Pferd steigen – das perfekte Stehkommando ist einfach immer nützlich.

Schritt 7: Jetzt sagen Sie auf Entfernung in das ruhige Stehen hinein BRAV. Dann gehen Sie ruhig zum Pferd und sagen BRAV und geben ein Leckerchen. Das Pferd lernt so, dass es bei dieser Übung auf das BRAV hin nicht versuchen soll, sich das Leckerchen zu holen, sondern warten muss, bis Sie wieder bei ihm angekommen sind. Wenn das Pferd auf das einzelne BRAV hin eine Aktion zeigt, zum Beispiel zu Ihnen gehen will, müssen Sie die Entfernung und die Wartezeit wieder etwas verringern.

Schritt 8: Wenn Schritt Nummer sieben gut klappt, gehen Sie nicht mehr nach vorne, sondern um das Pferd herum oder seitlich weg. Berühren Sie das Pferd beim Herumgehen hin und wieder oder stellen Sie sich (mit der nötigen Vorsicht) so hinter Ihr Pferd, dass es Sie nicht sehen kann.

Ziel in dieser Übungseinheit soll sein, dass Ihr Pferd ruhig und mit nach vorne gerichtetem Kopf steht. Dieses ruhige Stehen wird jetzt wieder in unterschiedlichen Abständen mit BRAV belohnt.

BRAV + Leckerchen kommen erst, wenn Sie wieder beim Pferdekopf sind. In dieser Phase können Sie das STEH zum Beispiel auch beim Satteln üben.
Schritt 9: Gestalten Sie jetzt Übungen, in denen Sie von Anfang an (wenn Sie STEH sagen) weiter weg vom Pferd sind. Wenn Ihr Pferd schon an die Longenarbeit gewöhnt ist, können Sie auch beim Longieren trainieren.

Tipp | STEH unter dem Reiter

Es gibt sicher Momente im Leben eines Reiters, in denen das STEH als Alternative zur reiterlichen Hilfe zum Anhalten nützlich ist. Weil Sitz- und Zügelhilfen zusammen vielleicht länger dauern als es braucht, um ein Wort auszusprechen, und deshalb nicht schnell genug kommen; oder weil sie nicht gut genug trainiert sind, um eine Stresssituation im Ernstfall aufzufangen. Aus diesem Grund kann man STEH auch unter dem Reiter üben. Auch hier arbeiten Sie über die Gleichzeitigkeit der Ereignisse. Wenn Sie das Pferd in einer ruhigen Trainingssituation mit Sitz- und Zügelhilfe anhalten lassen, sagen Sie in das Anhalten hinein STEH und danach BRAV. Nach dem fünften oder sechsten BRAV darf vom Sattel aus auch ein Leckerchen gegeben werden. Sagen Sie das STEH sehr deutlich, während Sie versuchen, die reiterliche Hilfe zum Anhalten so dezent wie möglich zu geben.
Wenn das STEH am Boden bereits gut klappt, wird es auch zügig unter dem Reiter gelernt. Wenn das Pferd ohne weitere Hilfen auf das STEH hin aus verschiedenen Gangarten zügig anhält, arbeiten Sie an der Zeitverlängerung für das Stehenbleiben. Wie am Boden zögern Sie nach und nach das BRAV leicht hinaus.

Ihre Distanz zum Pferd muss eventuell anfangs klein sein, denn das Pferd soll sich nach dem STEH nicht in Ihre Richtung orientieren (siehe Schritt sieben). Sehr langsam gewöhnen Sie das Pferd dann an größere Distanzen. Ziel soll sein, dass das Pferd beim Longieren auf STEH anhält (egal aus welcher Gangart) und stehen bleibt, während Sie mit dem Leckerli zu ihm kommen. Aber es gibt nicht bei jedem korrekten Stehenbleiben die komplette Belohnung; mal kommt auch nur ein BRAV und mal kommt gar keine Belohnung.

Fragen/Probleme/Fallen

- Ihr Pferd bleibt in der Anfangssequenz (Schritt eins) nicht stehen: Verlangsamen Sie das Tempo beim Führen noch mehr.
- Ihr Pferd weicht beim Stehenbleiben seitlich mit der Hinterhand aus: Wenn Sie anfangs beim Üben eng an der Bande oder einer anderen Wand entlanggehen, kann es nicht von Ihnen weg nach rechts ausweichen. Wenn es in Ihre Richtung nach links ausweicht, verringern Sie das Tempo beim Gehen noch ein wenig mehr. Je langsamer das Pferd geht, desto geringer ist auch die Gefahr des Ausweichens.
- Eine andere Möglichkeit wäre, dass Sie sich beim Stehenbleiben im Oberkörper leicht (wenige Grad; wie weit sinnvoll ist, müssen Sie ausprobieren) nach links drehen. Das Pferd schiebt dann automatisch die Hinterhand etwas nach rechts. Es hat die Tendenz, Ihnen mit der Vorderhand nach links zu folgen. Da Sie beide anhalten, kann es nicht „folgen“, tendiert aber trotzdem automatisch dazu, mit dem Hinterteil leicht nach rechts zu zeigen. Darüber wird das Ausweichen nach links blockiert.

Rückwärts gehen

Ziel der Übung

Das Pferd geht auf ein Signal von Ihnen so lange rückwärts, bis Sie STEH sagen oder ein anderes Kommando geben.

Sinn der Übung/Nützlichkeit

Manchmal kann es praktisch sein, wenn ein Pferd einige Schritte nach hinten geht, zum Beispiel wenn ein anderes Pferd in der Stallgasse passieren möchte. Auch im Gelände kann es unter Umständen nötig werden.

Über mehrere Meter gerade nach hinten zu gehen, ist kein typisches Verhaltensmuster von Pferden. In der freien Natur würden sie, wenn überhaupt nötig, nur wenige Schritte zurückgehen. Dann würden sie sich aber schnell weg- oder umdrehen. Bei Gefahr würden Pferde immer vorwärts flüchten und dabei hätten sie auch ihre stärkste Waffe gegen den Feind gerichtet: die Hinterbeine.

Beim Rückwärtsgehen muss sich das Pferd also auf eher ungewohnte Bewegungsabläufe konzentrieren und hat kaum Überblick über das, was eventuell hinter ihm liegen könnte – das ist mentale und körperliche Gymnastik.

Vorbereitung/Hilfsmittel

- Das Belohnungssignal ist gelernt.
- Das Pferd trägt Halfter und Trense entspannt.

Übergang von Schritt eins auf Schritt zwei. Die Besitzerin baut parallel ein Handzeichen auf.

- Sie beginnen an einem „ruhigen Ort“ und steigern langsam die Ablenkungsfaktoren.
- Das Pferd hat bereits gelernt, auf Signal stehen zu bleiben, auch wenn Sie sich bewegen.
- Sie haben sich ein Signal überlegt (zum Beispiel ZURÜCK).
- Die Übung kann mit und ohne Strick durchgeführt werden. Wenn möglich sollten Sie anfangs ohne Strick arbeiten, damit der Strick nicht zu einem zusätzlichen Signal wird und damit Sie nicht in Versuchung geraten, das Pferd mit dem Strick zu manipulieren.

Trainingsablauf

Schritt 1: Sie geben dem Pferd aus dem Gehen heraus das Signal zum Stehen, sagen BRAV, wenn es steht, und stellen sich quasi gleichzeitig in etwa einem Meter Abstand vor seinen Kopf. Dann machen Sie sofort einen deutlichen Schritt frontal auf das Pferd zu. Wenn Sie es im Timing gut schaffen und eine zügige Bewegungsabfolge hinbekommen, ist das Pferd mental noch nicht richtig zum Stehen gekommen: Die meisten Pferde weichen dann leicht zurück. Dieses Zurückweichen begleiten Sie mit ZURÜCK und belohnen nach dem letzten Schritt rückwärts.

Meist werden zwei Schritte zurück gemacht, denn damit kann sich das Pferd gut ausbalancieren. Aber selbst wenn nur einer gemacht wird, wird danach belohnt.

Diese Übung wiederholen Sie so oft, bis Ihre Bewegung auf das Pferd zu nur noch wie ein kleiner Impuls ist und das Pferd rückwärtsgeht. Ihre Bewegungen sollen fließend ineinander übergehen. Es gibt keine Pause zwischen „vor den Kopf gehen“ und „frontal einen Schritt zum Pferd machen“. Die ganze Übung machen Sie an der langen Hallenseite an der Bande oder an einem langen, geraden Zaunstück, damit das Pferd zumindest zu einer Seite nicht weit ausweichen kann. Kleinere Schieflagen sind aber anfangs noch erlaubt.

Schritt 2: Jetzt versuchen Sie, das ZURÜCK kurz vor Ihrer Vorwärtsbewegung zu sagen. ZURÜCK soll mehr und mehr das Zurückgehen auslösen. Wenn dies sicher klappt, gehen Sie nach dem STEH nicht mehr vor das Pferd, sondern sagen ZURÜCK aus der Position neben dem Kopf. Eventuell müssen Sie übergangsweise auf einen Winkel von 45 Grad seitlich vor/neben den Kopf gehen, bevor Sie wirklich seitlich (im 90-Grad-Winkel) bleiben können.

Immer wird belohnt, wenn das Pferd seine Schritte zurück gemacht hat. Sie gehen dabei neben dem Pferd ebenfalls zwei Schritte rückwärts. So geben Sie noch mehr die Richtung vor, in die zurückgegangen wird.

Der Schwerpunkt in dieser Trainingseinheit liegt darin, dass ZURÜCK das Zurückgehen sicher auslöst.

Schritt 3: In dieser Sequenz geht es um das gerade Zurückgehen. Sollte das Pferd jetzt mit dem Hinterteil leicht seitlich ausweichen, wird es nicht belohnt, sondern Sie beginnen die Übung von vorne. Belohnt wird nur, wenn das Pferd gerade nach hinten geht. Wenn dies über wenige Schritte klappt, während Sie sich an der Seite des Pferdes bewegen, wechseln Sie wieder in die frontale Position und legen auch hier den Schwerpunkt auf das gerade Gehen.

Schritt 4: Die Schrittzahl soll verlängert werden.

Sagen Sie nur noch BRAV, wenn das Pferd seine zwei Schritte gemacht hat (oft sind es in dieser Phase sowieso schon vier Schritte geworden) und geben Sie sofort wieder das Kommando ZURÜCK. Versuchen Sie so, langsam Meter um Meter mehr zu schaffen. Die Grenze, wie weit Sie das Pferd rückwärts richten, setzt die Konzentrationsfähigkeit Ihres Pferdes und der Punkt, ab dem es wieder seitlich auszubrechen beginnt. Erst am Ende von mehreren Kommandos und diversen BRAV kommt dann einmal eine vollständige Belohnung – aber nur, wenn korrekt und gerade nach hinten gegangen wurde.

Backen Sie „kleine Brötchen" in dieser Phase und fordern Sie Ihr Glück nicht heraus: Es ist besser, wenige Schritte korrekt nach hinten zu gehen als viele Schritte in unkoordinierten Schlangenlinien.

Das Ziel ist, dass das Pferd auf ein ZURÜCK hin mindestens 15 Schritte korrekt nach hinten geht.

Schritt 5: Jetzt verlegen Sie die Übung in die Mitte von Halle oder Paddock und üben auch hier das geradegerichtete Nach-hinten-Gehen.

Schritt 6: Wenn das Zurückgehen vom Boden aus gut klappt, versuchen Sie es unter dem Reiter. Gerade bei jungen Pferden kann es nützlich sein, das Rückwärtsgehen auf ein akustisches Signal hin zu trainieren und dann darüber die reiterliche Hilfe gleich als feines Signal aufzubauen.

Üblicherweise wird dem Pferd zum Rückwärtsrichten über Sitz- und Schenkelhilfe ein Vorwärtsimpuls gegeben, der über die Zügelhilfe in eine Bewegung nach hinten umgeleitet wird. Bei einem untrainierten Pferd sind diese Hilfen anfangs recht stark und werden erst nach und nach dezenter; sie können Abwehrverhalten auslösen, weil besonders junge Pferde sich dadurch eingeengt fühlen. Wenn das Pferd auf ZURÜCK korrekt nach hinten tritt und Sie dieses Zurückgehen mit den reiterlichen Hilfen begleiten, können Sie auf einem viel feineren Niveau mit Ihren Hilfen einsteigen. Es wird weniger Stress ausgelöst und das Lernen läuft leichter und schneller.

Im linken Bild wurde das Handzeichen zu hektisch und ungenau gegeben. Das Pferd weicht mehr zur Seite aus. Als Folge hat die Besitzerin das Signal noch einmal enger am Pferd gegeben (rechts). Aus diesem engen Signal muss sie sich wieder ausschleichen, soll das Pferd später auch auf Distanz korrekt zurückgehen.

Fragen/Probleme/Fallen

- Wenn Ihr Pferd auf Ihr frontales Herangehen (Trainingsablauf Schritt eins) nicht mit einem Schritt zurück reagiert, müssen Sie einen kurzen Impuls mit der Hand geben (Druck gegen die Brust). Wenn das Pferd daraufhin zurückgeht, machen Sie weiter wie beschrieben.
  Das Handsignal ist nicht schön – lässt sich dann aber nicht ändern. Es ist deshalb nicht schön, weil die Hand damit zu einem zusätzlichen Signal in dieser Übung wird, und aus diesem Signal muss man sich wieder ausschleichen. Dazu müssen Sie später das ZURÜCK immer prägnanter geben, während das Handsignal immer dezenter eingesetzt wird.
- Bedrohen Sie das Pferd bei den frontalen Übungen nicht. Es soll aufgrund Ihrer frontalen Präsenz zurückgehen und nicht, weil es sich vor Ihnen fürchtet.
- Das Zurückgehen des Pferdes hat nichts mit Ihrer „Ranghöhe" zu tun. Anfangs, wenn das Pferd aufgrund Ihres Vorgehens zurückweicht, ist es eine natürliche und kurze Reaktion auf das zügige frontale Gegenübertreten (ohne Drohverhalten) eines bekannten Individuums.
  Derartige Reaktionen kann man in Pferdegruppen regelmäßig durch alle sozialen Strukturen hindurch beobachten. Es ist eine erste spontane Reaktion, und auch ein „eigentlich" im Status höheres Pferd kann kurz zurückweichen, wenn ein im Status niedrigeres herankommt. Die sozialen Strukturen innerhalb der Gruppe und die Situation als solche entscheiden dann, wie es danach weitergeht. Zum Beispiel, ob der, der eben zurückgegangen ist, wieder nach vorne geht oder ob eventuell doch Drohverhalten gezeigt wird.
- Soziale Strukturen unter Pferden sind sehr komplex und lassen sich nicht auf das lineare Modell „Alpha (Leitstute) – Beta – Gamma (letztes Rad am Wagen)" reduzieren. Soziale Strukturen zwischen Menschen und Pferden sind noch einmal völlig anders gestaltet, denn Menschen und Pferde leben nun einmal ganz anders zusammen als Pferde untereinander.
  Vergessen Sie im Training den alten Zopf „Dominanz". Er gehört ins letzte Jahrhundert – das hat die Verhaltensforschung in den letzten Jahren schlüssig bewiesen. Wenn Ihr Pferd anfangs zurückweicht, ist das eine natürliche, spontane und kurze Reaktion, die Sie mit Signal und Belohnung „einfangen". Im Trainingsverlauf wird das Zurückweichen mehr und mehr zu einem erlernten Verhalten auf Signal und hat mit sozialer Interaktion nur noch insofern etwas zu tun, als dass jede Form von Training Sozialkontakt darstellt. Ihr Pferd weicht aber nicht zurück, weil es Sie als „Chef" ansieht.

Die richtige Körpersprache ist wichtig. Das Pferd soll nicht zurückgehen, weil es sich bedroht fühlt.

Info | Was heißt Respekt?

Das Wort „Respekt“ leitet sich ab vom lateinischen „respectus“ (= Zurückschauen, Rücksicht, Berücksichtigung). Im zwischenmenschlichen Bereich meinen wir damit Achtung im Umgang miteinander, Rücksicht und Wertschätzung. Dies kann man auch auf das Verhältnis Mensch–Tier anwenden. Dabei verdienen Tiere unsere Achtung und Rücksicht – auf dieser Basis beruht auch unser Tierschutzgesetz. Umgekehrt können wir von einem Tier aber nicht erwarten, dass es uns „einfach so“ im menschlichen Sinne achtet und wertschätzt. Einem Tier geht es immer um die Optimierung seines eigenen Lebens. Dafür braucht es bestimmte Ressourcen und für das Pferd ist Sozialkontakt (Aufmerksamkeit vom Menschen) eine wichtige Ressource. Im anthropomorphen Sinne (Be)Achtung, Wertschätzung und Rücksicht gibt uns ein Pferd dann, wenn wir klar und eindeutig Ressourcen verwalten.

Wir erfahren so etwas wie „Respekt“ von unserem Pferd, wenn wir da, wo es machbar ist, konsequent Ressourcen kontrollieren. Wenn das Pferd mit anderen auf der Koppel ist, haben wir keinen Einfluss über die Verteilung von Ressourcen – aber im Training und in Kontakten wie Putzen, Führen oder Schmusen schon. Hier entscheidet der Mensch, wann das Pferd Aufmerksamkeit, Streicheleinheit oder ein Leckerli bekommt. Der Mensch gibt eine klare Spielregel vor und das Pferd lernt: „Wenn ich mich an die Spielregel halte, lohnt es sich für mich.“ Damit wird das Pferd dem Menschen gegenüber aufmerksamer und Training und Ausbildung werden erleichtert.

Wichtig ist aber, dass die Menschen die Spielregel wirklich eindeutig und konsequent vorgeben. Wenn das Pferd keine eindeutigen und konsequenten Regeln von uns bekommt, wird es sein Leben natürlich nach seinen Regeln leben. Diese Regeln lauten: „Nimm mit, was du kriegen kannst – und das so einfach wie möglich und ohne großen Energieaufwand.“ Das bedeutet praktisch für das Pferd: „Warum einem Menschen in einer bestimmten Situation Aufmerksamkeit schenken oder arbeiten und dafür Sozialkontakt oder Leckerli bekommen, wenn ich die Ressourcen in anderen Situationen frei Haus bekomme oder mir problemlos nehmen kann?“

Zurückgehen auf Distanz in Schlangenlinien. Auch hier wurden Handzeichen trainiert.

Kombinierte Übungen

Die Übungen „Gehen neben dem Menschen", „Stehenbleiben" und „Rückwärtsrichten" bauen aufeinander auf und sollten einzeln jeweils bis zur gewünschten Perfektion trainiert werden. Dann macht es aber Sinn (und auch allen mehr Spaß), die Übungen zu mischen und die Bodenarbeit herausfordernder zu gestalten.

Gehen Sie zum Beispiel in der Halle oder im Paddock schlangenförmig oder um Hindernisse herum, halten Sie dabei wahllos an und/oder lassen Sie das Pferd einige Schritte zurückgehen. Sie können mit Stangen die unterschiedlichsten Parcours am Boden legen und sich auf diese Weise auf nette Art Schritt für Schritt von weiten Kurven an enge Kurven heranarbeiten.

Ein Stangenlabyrinth ist eine gute Möglichkeit, um alle Übungen zu kombinieren und darüber hinaus auch Körpergefühl und Beweglichkeit des Pferdes zu trainieren.

Kurven gehen

Gestalten Sie am Anfang die Kurve nicht zu eng. Geben Sie beim Hineingehen in die Kurve das Signal VORAN und machen Sie parallel eine prägnante (aber nicht übertriebene) Drehbewegung mit Schulter und Oberkörper nach links oder rechts in Kurvenrichtung. Die Drehung erfolgt dabei aus der Hüfte. Dies animiert das Pferd, sich ebenfalls nach links oder rechts zu orientieren. Es ist durch das vorherige Gehen auf gerader Linie ja gewöhnt, immer in einem bestimmten Abstand zu Ihrer Schulter zu laufen. Wenn Sie jetzt die Kurven am Anfang nicht zu eng gehen, bleibt das Pferd in der Bewegung neben Ihnen und Sie können mit BRAV belohnen. Funktioniert das nicht und das Pferd läuft zwar irgendwie mit, ist aber plötzlich zu weit weg oder zu nah bei Ihnen, nehmen Sie vorübergehend das Target zur Hilfe. Darüber lotsen Sie das Pferd quasi im richtigen Tempo und Abstand durch die Kurve.

Schlangenlinien rückwärts

Dies ist schon eine sehr fortgeschrittene Aufgabe und Sie sollten vorher das Rückwärtsgehen auf gerader Linie sehr intensiv geübt haben. Auch für Sie ist diese Aufgabe eine Herausforderung.

Sie starten aus der Position vor dem stehenden Pferd, geben das Signal ZURÜCK und folgen dem rückwärtsgehenden Pferd, „schieben" es also ohne Berührung von sich weg. Jetzt weichen Sie um 20 bis 30 Grad von Ihrer frontalen Gehrichtung nach links oder rechts ab. Wenn Sie dies langsam tun, wird das Pferd Ihnen „folgen", denn es will sich wieder frontal vor Ihnen befinden, wie es das gewohnt ist. Wichtig ist, dass Sie beim leichten Abbiegen vom geraden Weg Oberkörper und Gesicht immer frontal auf das Pferd richten.

So sieht es praktisch aus, wenn das Pferd mit der Hinterhand nach links gehen soll: Im Vorgehen (also im Folgen des rückwärtsgehenden Pferdes) machen Sie einen Schritt nach rechts (Sie weichen aus der geraden Gehrichtung ca. 20 bis 30 Grad nach rechts aus). Dabei halten Sie aber Ihren Oberkörper nach wie vor frontal gegen das Pferd gerichtet; Sie müssen sich also in der Hüfte leicht drehen. Das Pferd wird daraufhin im Zurückgehen mit der Hinterhand leicht nach links ausweichen, denn nur so hat es Sie wieder ganz frontal vor sich.

Lassen Sie es wieder einige Schritte geradeaus nach hinten gehen und probieren Sie dabei die leichte Richtungsänderung noch einmal. Wenn es drei- bis fünfmal nach links gut geklappt hat, probieren Sie die andere Seite. Dreht das Pferd sich beim Zurückgehen mit der Kruppe nach rechts, machen Sie den kleinen Ausweichschritt nach links.

Reagiert das Pferd sicher auf Ihre Bewegungen und geht rückwärts in die gewünschten Richtungen, wird das Signal etabliert, welches später einmal das Verhalten auslösen soll (auch wenn es auf Distanz gegeben wird). Das Lernen des Signals erfolgt wieder über Gleichzeitigkeit: Wird das gewünschte Verhalten gezeigt, legt man das Signal darüber und belohnt das Ganze.

Das Signal kann akustisch oder optisch sein. Sie können zum Beispiel immer, wenn das Pferd nach links geht, in den ersten Schritt hinein LINKS sagen oder mit der Hand kurz und prägnant nach links zeigen. Sie können das akustische und optische Signal auch kombinieren – da ist Ihrer Fantasie keine Grenze gesetzt.

Die Belohnung kommt anfangs wieder regelmäßig und sehr zügig nach den ersten zwei Schritten in die neue Richtung. Später wird wieder variabel belohnt.

Fahren vom Boden ist eine weitere Möglichkeit, um die gelernten Bewegungsmuster „Gehen", „Stehen" und „Zurückgehen" zu kombinieren.

Das Pferd lässt sich entspannt putzen, weil es das schon als Fohlen kennengelernt hat.

Putzen und Behandlung durch den Tierarzt

Ziel der Übung

Das Pferd lässt sich problemlos putzen und reagiert ebenso problemlos auf alle Manipulationen vom Tierarzt, wie zum Beispiel Injektionen oder Fieber messen.

Sinn der Übung/Nützlichkeit

Entspanntes Putzen ist nicht nur für das Pferd, sondern auch für uns Menschen angenehmer. Natürlich ist es auch von Vorteil, wenn der Tierarzt das Pferd von oben bis unten und ohne Zwangsmaßnahmen untersuchen und behandeln kann.

Vorbereitung/Hilfsmittel

- Das Belohnungssignal ist gelernt.
- Das Pferd trägt Halfter und Trense entspannt.
- Hilfreich, aber nicht zwingend nötig: Das Pferd kann auf ein Signal hin stehen bleiben.

Trainingsablauf

Schritt 1: Es werden die gleichen Trainingsmaßnahmen wie beim Fohlen durchgeführt (beziehungsweise eine Fortsetzung davon). Wenn Sie die Übungen beim Fohlen intensiv gemacht haben, brauchen Sie sich beim erwachsenen Pferd im Hinblick auf das Putzen oder den Tierarztbesuch keine großen Gedanken mehr zu machen. Wenn das Pferd so ein Training aber nicht durchlaufen hat oder bereits schlechte Erfahrungen, zum Beispiel mit dem Tierarzt gemacht hat, ist das Üben sehr wichtig.

Beobachten Sie Ihr Pferd beim Putzen genau und merken Sie sich den Moment, an dem es anfängt, herumzu hampeln oder Unsicherheit zu zeigen. Wie beim Training zur Sattelgewöhnung (Seite 57 f.) werden Sie jetzt häufig bis zu diesem Punkt putzen. Wenn der Stress für Ihr Pferd zum Beispiel anfängt, sowie die Bürste in Richtung Beine streicht, wiederholen Sie genau diese Aktion viele Male – bürsten aber nicht weiter die Beine herunter. Das Pferd lernt, dass nichts Schlimmeres passiert, kann sich entspannen und wird dafür belohnt. Erst wenn es über einige Wiederholungen komplett entspannt bleibt, wenn sich die Bürste den Beinen nähert, darf die Bürste allmählich etwas weiter an den Beinen herunter wandern.

Schritt 2: Wenn Pferde bereits sehr schlechte Erfahrungen mit dem Putzen gemacht haben, ist es hilfreich, ein akustisches Signal wie zum Beispiel PUTZEN einzuüben. Wenn dieses Signal im entspannten Umfeld und vom entspannten Pferd gut gelernt wurde, wird das Pferd damit auch in kritischeren Situationen entspannter bleiben. Es weiß dann, was passiert (die Bürste kommt und alles ist gut), und muss sich nicht fürchten.

Starten Sie mit dem Putzen an dem Körperbereich, der problemlos geputzt werden kann. Sagen Sie bei jedem dritten oder vierten Strich PUTZEN und belohnen Sie das Pferd danach. So arbeiten Sie sich ebenfalls langsam zu den unbeliebteren Körperstellen vor.

Schritt 3: Analog verfahren Sie mit Manipulationen, die ein Tierarzt machen würde, zum Beispiel die Schweifrübe heben oder Haut am Hals mit zwei Fingern zusammenschieben und dabei etwas Druck ausüben. Sie sollen keinen akuten Schmerz auslösen, aber das Pferd soll lernen, dass diese Manipulationen auch etwas unangenehmer werden können. Das ruhige Pferd bei diesen Übungen wird belohnt.

Schritt 4: Üben Sie diese stärkeren Manipulationen auch nach einem Stehkommando. Manipulationen am Kopf (zum Beispiel Kontrolle der Augen) werden nach dem Kommando zum Kopfabsenken geübt.

Wenn Ihr Pferd krank ist, ist es automatisch in einem stärkeren Stresszustand. Je besser und ritualisierter ein Verhalten auf Signal gelernt ist, desto einfacher kann man es auch in einem stärkeren Stresszustand erfolgreich platzieren. Eine reine Gewöhnung an stärkere Manipulationen bricht unter Stress schneller zusammen als ein gut gelerntes Kommando, dem die Manipulation folgt.

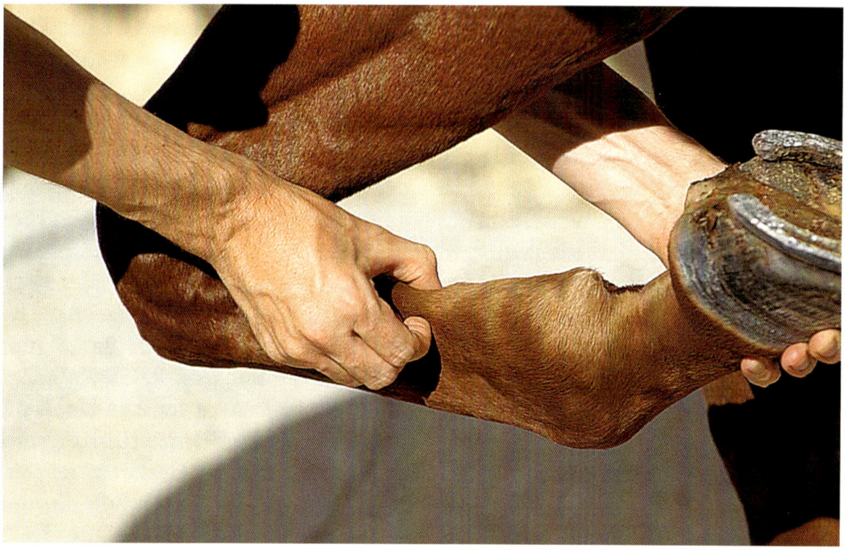

Jeder Tierarzt freut sich, wenn er einen Patienten so ruhig untersuchen kann.

Angstprobleme

Angst ist in den Emotionen jedes Lebewesens verankert. Das ist auch sinnvoll, denn wer vor nichts Angst hat, lebt gefährlich.
Zu viel Angst aber versetzt auch Pferde in einen Dauerstress, der körperliche und psychische Schäden anrichtet. Und nicht zuletzt wird ein überängstliches Pferd zu einer Gefahr für den Menschen.

Kann Angst sinnvoll sein?

Die Fähigkeit, Angst zu empfinden, ist nützlich. Es steckt ein biologischer Sinn dahinter, gefährlichen Situationen aus dem Weg zu gehen und unbekannten Situationen (die gefährlich sein könnten) mit Vorsicht zu begegnen. Zu viel Angst und Vorsicht sind biologisch gesehen aber auch nicht gut, denn wer vor allem zurückweicht, verpasst eventuell wichtige und schöne Dinge. Jede unbekannte Situation ist rein rechnerisch zu 50 % gefährlich und zu 50 % angenehm. Angst vor Unbekanntem zu haben ist immer besser, als unbedarft auf etwas Unbekanntes zuzulaufen und dabei eventuell den Tod zu riskieren. Deshalb hat es die Natur so eingerichtet, dass man sich an unbekannte (und damit potentiell gefährliche Dinge) gewöhnen kann, um stressfrei mit ihnen zu leben.

Regelmäßig Angst zu empfinden bedeutet, regelmäßig in einem stärkeren Stresszustand zu sein. Kommt es zu einer Dauerbelastung durch immer wiederkehrende Angstzustände, wird der Stress chronisch, schadet der Gesundheit und macht das Gehirn unflexibel. Außerdem bedeuten regelmäßige Angstreaktionen eines Pferdes ein Gefährdungsrisiko für diejenigen, die mit dem Tier umgehen – sei es am Boden oder im Sattel.

Egal von welcher Seite man es betrachtet: Angstprobleme müssen ernst genommen und behandelt werden. Am besten ist es natürlich, der Entstehung von Angstproblemen vorzubeugen. Dazu gab es in den vorherigen Kapiteln schon einige Trainingsanleitungen. Dieses Kapitel beschäftigt sich jetzt schwerpunktmäßig mit der Situation, wenn das Kind in den Brunnen gefallen ist und das Pferd ein Angstproblem hat.

Dem Pferd wurde das Zurückweichen erlaubt und nun nähert es sich freiwillig, um den Schirm zu inspizieren.

Der Mensch reagiert auf Angst- oder Stressverhalten eines Pferdes nicht immer so, wie es sinnvoll wäre. Die wünschenswerten Verhaltensweisen entsprechen dem Idealfall – und der wird im Alltag vermutlich nie vorliegen. Menschliche Reaktionen wie „Zusammenzucken" oder „Zügel kurz nehmen" lassen sich nicht so ohne Weiteres unterdrücken. Spätestens, wenn das Pferd eine Schreckreaktion zeigt, erschrecken wir uns auch. Verstehen Sie die Tabellen unten deshalb als Anregung zum Nachdenken, wo und wie Sie sich anders verhalten könnten. Versuchen Sie das Beste aus einer Schrecksituation zu machen, so wie es der jeweilige Moment erlaubt.

Wer sein Pferd kennt, weiß auch, wann es sich erschrecken könnte und wie es dann vermutlich reagieren wird. Im Voraus zu denken ist wichtig: Möglicherweise lassen sich bestimmte kritische Situationen zunächst auch um-

Wie der Mensch reagiert, wenn das Pferd erschrickt

Häufige Reaktionen	Wünschenswerte Reaktionen
Zusammenzucken	Ruhig bleiben
Zügel kurz nehmen, Kopfaktion einschränken, am Strick ziehen, Bewegungsradius einschränken	Zurückweichen erlauben und Bewegungsradius nur so weit langsam einschränken, dass niemand gefährdet wird
Schimpfen/körperlich strafen	Mit ruhiger Stimme reden
Versuchen, das Pferd durch die jeweilige Situation zu zwingen. Wiederholen der Stress-Situation und des Zwangs, um dem Pferd zu zeigen, wer „der Herr" ist	Abbruch der entsprechenden Situation. Überdenken, wie man das Pferd langsam mit dem Stress- oder Angstauslöser vertraut machen kann

gehen: Im Hinblick auf die eigene Sicherheit und um unerwünschte Lernvorgänge zu vermeiden.

Viele menschliche Reaktionen sind kontraproduktiv, denn sie erzeugen nur noch mehr Stress und Angst und bekräftigen die subjektive Einschätzung des Pferdes, dass die Situation gefährlich ist.

Entstehung von Angstproblemen

Angstprobleme entwickeln sich bei Pferden meist durch negative Erfahrungen mit einem bestimmten Umweltsignal oder einer Gesamtsituation. Dabei ist „negative Erfahrung" natürlich rein aus der Sicht des Pferdes zu sehen. Es ist völlig unerheblich, ob Sie eine Situation als bedrohlich einschätzen oder nicht. Es kommt darauf an, was das Pferd darüber denkt. Für Sie mag der brütende Vogel auf dem Deckenbalken in der Halle niedlich sein. Ihr Pferd ist durch das Geflatter und Gepiepse irritiert und kann den „Flugverkehr" über seinem Kopf nicht einordnen, denn vor drei Tagen war da noch kein Nest. Ein einmaliges Zurückscheuen vor dem Tiefflieger muss auch noch nicht Ausdruck eines Angstproblems sein – kann aber dahin führen, wenn der Mensch darauf falsch reagiert. Wie stark das Pferd auf die neuen Bewohner der Halle mit negativen Empfindungen reagiert, hängt von angeborenen und erlernten Faktoren ab, die zusammen seine Ängstlichkeit bedingen.

Wie ängstlich sind Pferde?

Es gibt große individuelle Unterschiede bei Pferden hinsichtlich ihrer Ängstlichkeit. Bei Hunden ist bekannt, dass die Angstbereitschaft eine mittelgradige Erblichkeit (Heritabilität) hat; sie

Dieses Pferd zeigt Stress und Angst. Es könnte daraus spontan aggressiv reagieren.

liegt bei ca. 30 %. Für Pferde gibt es keine vergleichbaren Untersuchungen. Da Hunde Beutegreifer sind und Pferde Beute- beziehungsweise Fluchttiere, wäre es aber unlogisch, wenn die Heritabilität beim Pferd deutlich niedriger wäre als beim Hund.

Die ererbte Angstbereitschaft ist ein Faktor, der die generelle Ängstlichkeit eines Pferdes und damit seinen Charakter, sein Temperament, bestimmt. Es ist aber nicht der allein entscheidende Faktor. Lernerfahrungen (Umwelterfahrungen generell) haben ebenfalls einen großen Einfluss darauf, wie ängstlich ein Pferd ist.

Schlussendlich lässt sich für ein individuelles Pferd nicht berechnen, zu wie viel Prozent angeborene Faktoren an der Entstehung eines Angstproblems beteiligt waren und zu wie viel Prozent Umwelterfahrungen eine Rolle spielten. Man bekommt nur ungefähre Hinweise auf die Rolle des Faktors „Gene", wenn man sich Elterntiere und Geschwister anschaut. Kommen in bestimmten Familien oder Zuchtlinien Angstprobleme häufig vor, spricht dies schon für einen stärkeren genetischen Einfluss.

Angstbereitschaft ist immer ein Produkt aus genetisch fixierter Veranlagung und Umwelterfahrungen.

Angst lernen

Ein einmaliges Zurückscheuen in einer bestimmten Situation muss sich nicht zu einem Angstproblem entwickeln. Wenn das Pferd aber merkt, dass es sich das „Problem" mit dem Scheuen auf Distanz halten kann (Belohnungskomponente), wird es beim nächsten Mal eventuell schneller und stärker scheuen. Die Entstehung eines Angstproblems wird weiter begünstigt, wenn das Pferd zusätzliche negative Erfahrungen in dieser Situation macht (zum Beispiel durch unangenehme Manipulation des Menschen). Je nachdem, wie bedrohlich das Pferd die Angst auslösende Situation beim ersten Kontakt einschätzt, werden diese Lernschritte dann schneller oder langsamer vollzogen. Unter Umständen reicht nur eine negative Erfahrung aus, um ein Angstproblem zu starten.

Angstproblemen vorbeugen

Mangel an Umwelterfahrungen spielt eine große Rolle bei der Entstehung von Angstproblemen. Wenn das Pferd als Fohlen nicht gelernt hat, sich mit vielfältigen Umwelteindrücken auseinander zu setzen, wird es später auf neue Situationen sehr unflexibel und schnell mit Angst und Stress reagieren. In der Jugendphase wird das Gehirn nicht nur auf die erfolgreiche Meisterung von unterschiedlichsten Situatio-

Info | Angst und Schreck

Wenn Pferde erschrecken, reagieren sie häufig durch:

- Scheuen/Zur-Seite-springen
- Zurückweichen/Flüchten
- Steigen/Buckeln
- Verweigern/Stehenbleiben
- Kopfschlagen
- Aggressives Verhalten

Diese typischen Angst- und Schreckreaktionen von Pferden können auch bei akuten Schmerzen gezeigt werden und von Lautäußerungen wie Schnauben oder Quietschen begleitet sein. Es ist also wichtig, nicht nur das einzelne Verhalten, sondern den ganzen Kontext zu sehen.

Info | Angstprobleme

Typische Angstprobleme (sie können durchaus kombiniert auftreten):

- Angst vor dem Verladen
- Angst vor dem Schmied oder dem Tierarzt oder auch vor anderen Personen
- Angst vor bestimmten Geräuschen (Lärm von Menschenmassen, Autos, Flugzeuge, Hundegebell)
- Angst vor bestimmten optischen Eindrücken (Lastwagen, Hunde, Hindernisse, Planen)
- Angst vor bestimmten Orten (Reithalle, Paddock) oder Situationen (Aufsatteln, Putzen)
- Angst vor bestimmten anderen Pferden

nen trainiert, es lernt auch zu lernen. Der beste Start, den ein Pferd in ein entspanntes Leben haben kann, ist also eine gute Kinderstube: vielfältige Kontakte mit anderen Pferden und Menschen sowie anderen Tieren wie zum Beispiel Hunden. Auch laute Geräusche und die unterschiedlichsten optischen Eindrücke wie Autos oder Traktoren sollte schon das Fohlen kennenlernen. Vielfältige (positive) Erfahrungen als Fohlen können bis zu einem gewissen Grad auch eine angeborene stärkere Ängstlichkeit ausgleichen.

Wenn Sie bei Ihrem Pferd einen akuten Angst- oder Stresszustand beobachten, sollten Sie es nicht auf „Teufel komm raus" weiter durch die kritische Situation zwingen. Unabhängig vom Gefahrenpotential für Pferd und Mensch kann dies den Weg in ein Angstproblem erst recht fördern. Zumindest besteht ein großes Risiko, dass das Pferd für die entsprechende Situation (oder einzelne Signale daraus) sensitiviert wird. Beenden Sie lieber die kritische Situation und überlegen Sie, worauf genau Ihr Pferd mit Angst reagiert hat. Damit beugen Sie späteren Problemen vor.

Tipp | Gesundheitscheck

Nicht nur bei plötzlichen Angstproblemen sollte das Pferd vom Tierarzt durchgecheckt werden, sondern auch, wenn sich solch ein Problem schleichend entwickelt. Akute oder chronische Schmerzen können bei der Entstehung eine nicht unerhebliche Rolle spielen. Ebenso kann der Verlust von Sinnesleistungen zur Entwicklung eines Angstproblems führen. Ein Pferd, das zum Beispiel Augenprobleme hat und seine Umgebung nicht wie gewohnt wahrnehmen kann, wird erkennbar auf der Hut sein und im Zweifelsfall lieber einmal zu viel zurückweichen oder scheuen.

Die Gruppe gibt Sicherheit. Das Erkunden der Umwelt ist gefahrlos möglich.

Mit der Angst umgehen

An erster Stelle muss die Identifikation des oder der Angst auslösenden Signale stehen. Angstfreiheit trainieren können Sie nur dann, wenn Sie den Angstauslöser kennen. An zweiter Stelle kommt „Management“: Vermeiden Sie für die erste Zeit des Trainings den Kontakt mit dem Angstauslöser.

Beide Punkte (Identifizieren und Vermeiden) schreiben und lesen sich leichter, als sie umgesetzt werden können. Meist sind es ja nicht einzelne Signale, sondern mehrere, die zusammenwirken.

Welche Signale vorrangig den Angstzustand auslösen und welche weniger wichtig sind, lässt sich manchmal nicht identifizieren oder nicht trennen. Ein Pferd, das auf dem Turnierplatz Angst und Stress zeigt, reagiert auf optische Eindrücke (Menschenmassen, Ort als solcher) und akustische Signale (Lautsprecher, Musik, Geräusche von den Menschen). Eventuell spielen auch noch Gerüche eine Rolle, und da tun wir Menschen uns bei der Identifizierung unendlich schwer. Für welche Signale soll man dann vorrangig ein Gewöhnungstraining durchführen?

Info Habituation und Sensitivierung

Habituation (Gewöhnung)
Es ist eine biologische Notwendigkeit, dass sich das Gehirn an bestimmte Signale gewöhnen kann. Wenn jedes Signal aus der Umwelt im Gehirn gleichwertig behandelt werden würde, wären Pferde (oder wir) nicht lebensfähig. Habituation oder „Gewöhnung“ bedeutet, dass das Pferd eine Verhaltensreaktion auf ein Signal verlernt. Es wendet zum Beispiel nicht mehr den Kopf, wenn hinter ihm ein Motor startet. Gewöhnen kann sich das Gehirn aber nur an Signale, deren „Überhören“ ungefährlich ist. Wenn das Pferd zum Beispiel mit Autos noch keine negativen Erfahrungen gemacht hat, gewöhnt es sich recht schnell an das Motorengeräusch. Die Crux bei Habituationsprozessen ist, dass sie schnell rückgängig gemacht werden können. Die Natur verlässt sich nicht darauf, dass das, was heute ungefährlich ist, es morgen auch noch ist. Immerhin besteht eine Chance von fünfzig Prozent, dass es morgen tödlich sein könnte.

Sensitivierung (Erregungssteigerung)
Sensitivierung ist das Gegenteil von Habituation. Das Pferd lernt eine gesteigerte Reaktion auf ein bestimmtes Signal. Sensitivierungen finden dort zügig statt, wo es um so etwas Wichtiges wie „Überleben“ (Optimierung des eigenen Zustands) geht. Aus diesem Grund sind Sensitivierungen auch deutlich schwieriger rückgängig zu machen als Habituationen. Etwas, was heute gefährlich ist, ist es mit einer Chance von fünfzig Prozent morgen auch noch.

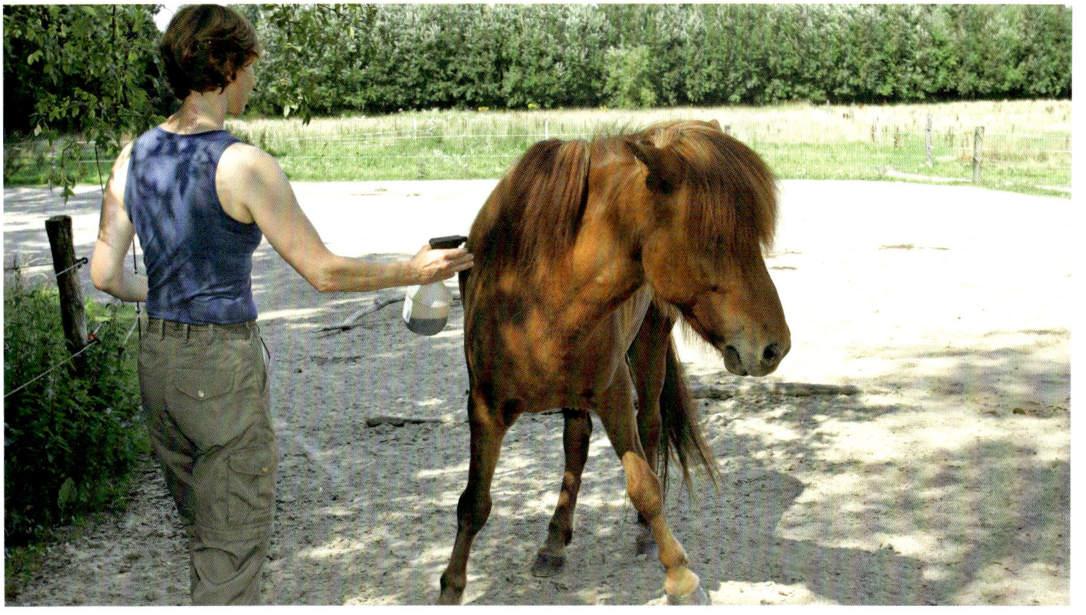

Angsterreger erkennen

Gerade wenn die Probleme schon älter sind, hat man oft keine Erinnerungen mehr an markante Ereignisse aus der Ent stehungsphase. Und eventuell haben Sie das Problem ja auch schon „mit dem Pferd gekauft". Je mehr Arbeit Sie in die Identifizierung der Angstauslöser stecken, umso besser. So werden Sie mit großer Wahrscheinlichkeit zumindest einige finden, mit denen Sie im Training arbeiten können.

Zusätzlich können auch sogenannte Lernketten ablaufen und das Identifizieren der eigentlichen Angstauslöser erschweren. Über solche Lernketten finden unter Umständen Sensitivierungen auf Signale statt, auf die wir im ersten Moment des Nachdenkens gar nicht kommen. Als Endprodukt solch einer Lernkette könnte zum Beispiel stehen, dass das Pferd schon mit einer leichten Erregungssteigerung (Sensitivierung) reagiert, wenn Sie es in der Stallgasse für das Turnier und zum Verladen fertig machen. Auch der Hänger kann ein Signal für eine solche unspezifische Erregungssteigerung sein. Wenn Sie dann nur für die akustischen Signale des Turnierplatzes ein Gewöhnungstraining durchführen, werden Sie weiterhin ein nervöses Pferd haben und eher wenige Erfolge in Ihrer Turnierkarriere verbuchen können.

Oben: Ausweichen vor dem „schrecklichen" Objekt.
Unten: Nach einem kurzen Gewöhnungstraining bleibt das Pferd stehen. Hilfreich war hierbei auch das Stehkommando.

Oben links: Zunächst einmal zeigt das Pferd Angst vor dem „merkwürdigen" Objekt am Boden.
Oben rechts: Die Neugier siegt, der Ball wird inspiziert.
Unten: Man kann auch über das Target eine Annäherung an suspekte Gegenstände provozieren.

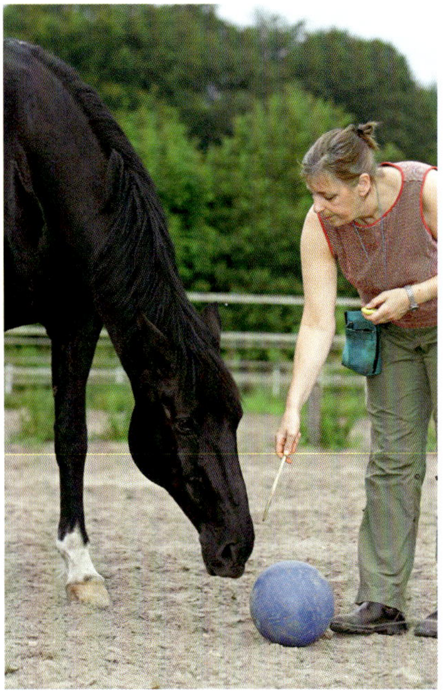

Die Vermeidungsstrategie

Management (Problemvermeidung) soll verhindern, dass sich das Angstproblem weiter verstärkt. Am Beispiel des Turniers ist das sogar recht einfach machbar: Verzichten Sie für eine Übergangszeit auf Turniere. Eventuell müssen Sie eine Saison aussetzen, bis die Trainingsmaßnahmen gut greifen.
Das klingt vermutlich zunächst unvorstellbar, lohnt sich aber in diesem Fall. Investieren Sie die Zeit, denn dafür können Sie in der nächsten Saison voll durchstarten.

Für andere Angstauslöser kann die Vermeidungsstrategie problematischer werden. Was ist, wenn das Pferd in der Halle Angst hat und der Außenreitplatz aufgrund der Witterung nicht nutzbar ist? Was machen Sie, wenn Ihr Pferd Angst vor Hunden oder Autos hat und auf einer Koppel steht, an der permanent Hunde vorbeigeführt werden und Autos vorbeifahren? Leider ist es so, dass jeder „Ernstfall" Sie im Training zurückwirft. Aber wenn Sie die Ernstfälle nicht einschränken oder kontrollieren können, müssen Sie daraus das Beste machen und unverdrossen üben. Es wird nur leider etwas länger dauern, bis sich dauerhafte Erfolge einstellen.

Vermeiden Sie Floodingsituationen, in denen das Pferd dem Angstauslöser in hohem Maße ausgesetzt ist (Flooding = Reizüberflutung). Diese Situationen sind eine extreme Stressbelastung für das Pferd und sein Gehirn schaltet im Hinblick auf Lernvorgänge auf Durchzug. Über Lernen erfolgt aber die Beseitigung eines Angstproblems: Das Pferd soll lernen, dass die jeweilige Situation doch nicht so gefährlich ist und dass man sie ganz entspannt ertragen kann. Daneben birgt Flooding ein nicht unerhebliches Verletzungsrisiko für Pferd und Mensch und kann aufgrund der großen Belastung durchaus tierschutzrelevant werden.

Gewöhnungstraining: die Desensibilisierung

Eine langsame Gewöhnung an den Angstauslöser (= Desensibilisierung) ist das Vorgehen der Wahl bei Angstproblemen. Wenn man beim Gewöhnungstraining auf einem leichten Stresslevel bleibt und das Pferd nicht stärker mental belastet, kann es denken, umdenken und neu lernen.

Das generelle Vorgehen ist nun klar. Aber wie sieht das im Detail aus? Am Beispiel des Turnier-ängstlichen Pferdes wird ein Gewöhnungstraining in den Feinheiten vorgestellt.

Trainingsablauf

Schritt 1: Identifikation der Angstauslöser: hier beispielhaft Menschenlärm und flatternde Fahnen. Außerdem reagiert das Pferd schon mit leicht gesteigerter Erregung, wenn es die Mähne eingeflochten bekommt.
Schritt 2: Management: Sie stellen Ihre Turnierkarriere für eine Saison zurück, auch wenn es schwerfällt.
Schritt 3: Das Einflechten der Mähne soll als Signal für „nachher geht es auf den Turnierplatz" verwässert werden. Hierzu flechten Sie häufiger die Mähne ein, ohne dass das Pferd im Anschluss zum Turnier kommt. Am besten ist es, wenn Sie die Mähne täglich einflechten können und danach in lockerem Wechsel mit dem Pferd spazieren gehen, es normal reiten oder einfach in die Box stellen. Sie dürfen es auch verladen und etwas in der Gegend herumfahren. Das Einflechten wird darüber seine markante Signalwirkung im Zusammenhang mit Turnieren verlieren. Dieses Verwässern führen Sie die ganze Zeit über durch, auch wenn Sie parallel schon Ihr Pferd gegen Lärm und Fahnen desensibilisieren.

Schritt 4: Besorgen Sie sich eine Fahne und nehmen Sie Turniergeräusche auf. Heutzutage kann man selbst mit dem Handy recht gute Soundtracks aufnehmen. Brennen Sie sich eine CD davon. Wenn Sie die Möglichkeit haben, spielen Sie jetzt die CD in der Halle ab und merken Sie sich die Lautstärke, bei der Ihr Pferd erste minimale Unruhe zeigt. Bei dieser Lautstärke belassen Sie es erst einmal und starten eine „Dauerberieselung", währenddessen Sie Ihr Pferd herumführen. Wenn es sich entspannt, wird es belohnt. Führen Sie es weiter und belohnen Sie das entspannte Pferd noch einige Male. Diese Trainingssequenzen sollten nicht zu lang sein, sondern lieber mehrmals am Tag stattfinden. Wenn das Pferd eines Tages beim Starten der CD auf der entsprechenden Trainingslautstärke völlig entspannt bleibt, können Sie die Laut-

Tipp | Gewöhnungstraining

- Identifizieren Sie die Angstauslöser und/oder die Situation, in der Angst gezeigt wird.
- Identifizieren Sie den ersten Moment in der Situation oder der Kette von Einzelsituationen, in dem das Pferd mit Angst reagiert, und starten Sie hier Ihr Training.
- Präsentieren Sie den Angstauslöser in so kleiner Qualität und Quantität, dass das Pferd ihn einerseits bemerkt, andererseits aber noch nicht stark gestresst reagiert.
- Warten Sie, bis sich das Pferd in dieser Situation entspannt und/oder ein erwünschtes Alternativverhalten zeigt und belohnen Sie es dafür.
- Wiederholen Sie die Übung viele Male, und steigern Sie langsam die Intensität des Angstauslösers.

Achten Sie auf die körpersprachlichen Signale für Angst und Stress. Dieses Pferd hat kein Problem damit, auf ein Turnier zu gehen.

stärke ein wenig höher regeln. Achten Sie wieder auf die körpersprachlichen Signale für Angst und Stress; sie sagen Ihnen, wie weit Sie die Lautstärke erhöhen können. Beginnen Sie die Gewöhnungsübung mit der höheren Lautstärke von vorne.

Schritt 5: Wenn Sie auf dem Lärmniveau angekommen sind, welches auf einem Turnier herrscht, und ein ruhiges Pferd in der Halle herumführen, machen Sie dieselben Übungen unter dem Reiter.

Starten Sie wieder recht leise und arbeiten Sie sich langsam an mehr Lärm heran. Sie werden merken, dass Sie nun schnellere Trainingsfortschritte machen. Das Pferd hat gelernt, worum es geht. Arbeiten Sie jetzt unter Lärmbelastung auch Dressuraufgaben durch oder lassen Sie Ihr Pferd springen.

Schritt 6: Bringen Sie nun die Fahne ins Spiel. Hier brauchen Sie eine Hilfsperson zum Schwenken. Probieren Sie zunächst aus, wie das Pferd auf die Fahne ohne Geräusche reagiert. Wenn es stärkere Angstsymptomatik zeigt, desensibilisieren Sie zunächst nur gegen das optische Signal.

Die Fahne wird auf sehr große Distanz geschwenkt, und der Helfer kommt langsam näher. Achten Sie auf den Moment, in dem bei Ihrem Pferd der Stress beginnt. Wenn die Fahne bis auf zehn Meter problemlos toleriert wird und ab acht Metern Distanz leichten Stress auslöst, wird sie auf achteinhalb Metern Distanz so lange geschwenkt, bis das Pferd sie nicht mehr beachtet. Die Vorgehensweise ist analog zu Schritt vier und fünf bei der Geräuschgewöhnung. Zuerst arbeitet der Helfer sich mit der Fahne immer näher an das geführte Pferd heran; dann werden die gleichen Sequenzen unter dem Reiter geübt. Wichtig ist, dass das Pferd sich tatsächlich immer schnell entspannt. Wenn zu irgendeinem Moment im Training stärkerer Stress gezeigt wird, ist dies ein Zeichen dafür, dass Sie zu schnell zu viel erreichen wollten. Klappt dies problemlos, werden Geräusche und die wedelnde Fahne zusammen präsentiert.

Schritt 7: Sie sollten den Ort der Desensibilisierung wechseln. Am besten ist es, wenn Sie noch eine weitere Halle und mindestens zwei verschiedene Außenplätze zum Üben nutzen können. Bedenken Sie, dass das Pferd an einem neuen Ort plötzlich wieder mit Stress reagieren kann, wenn die Fahne drei Meter vor ihm geschwenkt wird, selbst wenn sie in der ersten Halle schon auf einen halben Meter herankonnte. Testen Sie an jedem neuen Ort vorsichtig aus, was Ihr Pferd dort toleriert. Starten Sie das Training an dem Punkt, den Ihr Pferd vorgibt, und nicht an dem, an dem sie am alten Ort aufgehört haben. Zur Sicherheit sollte das Training auch zu Beginn immer erst vom Boden aus erfolgen, bevor Sie sich in den Sattel setzen.

Schritt 8: Jetzt brauchen Sie Zuschauer, die Lärm machen und die Fahne schwenken. So langsam müssen Sie sich mehr und mehr an die „echte" Turniersituation herantasten. Dazu gehört auch, dass Sie mit Ihrem Pferd auf ein Turnier fahren und es dort nur herumführen.

Testen Sie aus, wie nah Sie an den eigentlichen Turnierplatz mit seinen Stressoren herankönnen. Die Entfernung, in der Stress gezeigt wird, ist die Entfernung, auf der Sie es auf und ab führen und warten, bis es sich entspannt. Die Entspannung wird dann wieder belohnt.

Harsche Manipulationen des Reiters machen ein Angst- und Stressproblem nur schlimmer und können einen Teufelskreis der Problementwicklung in Gang setzen.

Schritt 9: Melden Sie sich am Ende Ihres Gewöhnungstrainings zu einigen sehr kleinen Turnieren an, um das Pferd einfach nur auf dem Abreiteplatz zu arbeiten. Und irgendwann riskieren Sie dann den Schritt auf den Turnierplatz.

Fragen/Probleme/Fallen

- Manche Pferde reagieren nicht auf die gestellten Signale (hier Geräusch-CD und Fahne). Sie bleiben einfach die ganze Zeit entspannt, egal wie massiv das Signal präsentiert wird. In solchen Fällen kann es hilfreich sein, das Training an einem dem Pferd völlig unbekannten Ort durchzuführen. Eventuell muss man auch gleich mit johlendem Publikum einsteigen. Das ist natürlich technisch schwieriger durchzuführen, weil man viele Hilfspersonen braucht.
- In anderen Fällen kann man zwar einige der Angstauslöser identifizieren und im Training einsetzen, weiß aber, dass es noch weitere gibt, an denen man nicht arbeiten kann. Dieses Dilemma kann man etwas aushebeln, indem bei Präsens der bekannten Stressoren der Schwerpunkt auf das Training gelegt wird. Wenn Lektionen gut gelernt wurden und entspannt in einer bestimmten Geräuschkulisse gearbeitet werden, kann man die Entspannung zumindest anteilig in ein anderes Umfeld mitnehmen. Zum Beispiel ist das Pferd über die Geräusch-CD gut an Turnierplatzlärm gewöhnt worden – aber Sie vermuten, dass die Anwesenheit anderer, vielleicht hektischer Pferde beim Turnier eine zusätzliche Rolle als Stressor spielen kann. Hat das Pferd unter der Geräuschkulisse „Turnierplatzlärm“ seine Lektionen sehr gut trainiert, kann dies für den Ernstfall schon eine Menge an Stress auffangen und die anderen Pferde werden weniger wichtig.
- Manchmal ist es schwierig, Stressoren „klein“ genug zu bekommen, um dagegen zu desensibilisieren. Entweder ein Geräusch ist vorhanden (wie dezent auch immer) und das Pferd reagiert stark gestresst, oder es ist nicht vorhanden und das Pferd ist entspannt. Woran will man das Pferd im Training aber dann gewöhnen?
  Hier kann man noch versuchen, den Stressor in niedrigster Intensität als Dauerberieselung anzubieten, ohne dass der Mensch irgendwie beteiligt ist. Machen Sie dies an einem Ort, der für das Pferd Sicherheit signalisiert;

Risiko: Angst und Stress eines Pferdes kann sich leicht auf andere Pferde übertragen.

nehmen Sie aber nicht den absolut sichersten Ort, den es für Ihr Pferd gibt. Die Dauerberieselung sollte also nicht in der Box erfolgen, kann aber zum Beispiel in einem Paddock laufen, den Ihr Pferd gut kennt. Der Ort sollte dem Pferd auch etwas Aktionsradius ermöglichen, sodass es sich nach eigenem Gusto von der Geräuschquelle entfernen oder ihr annähern kann. Wenn das Pferd im ersten Versuch aber gleich deutliche Angst und Fluchttendenz zeigt, müssen Sie abbrechen. Hier wäre die Gefahr zu groß, dass Sie in eine Flooding-Situation geraten.

- Trainieren Sie dem Pferd ein Entspannungssignal auf. Damit kann man sich den Einstieg in das Gewöhnungstraining erleichtern.
- Zum erfolgreichen Einstieg in ein Gewöhnungstraining können unter Umständen auch Medikamente sinnvoll und nötig sein. Besonders bei massiven Angstproblemen sind sie oft angebracht. Man muss nicht gleich mit echten (allopathischen) Psychopharmaka beginnen. Bachblüten, homöopathische Präparate, Akupunktur, Akupressur und Tellington-Touch können sehr hilfreich sein; ebenso bestimmte Nahrungsergänzungspräparate wie Tryptophan oder Alpha-Casozepin. Fragen Sie hierzu Ihren Tierarzt um Rat.

Vor der Verabreichung von Medikamenten sollte immer eine ausführliche Problemanalyse (Verhaltensanamnese) stehen. Und ehe man allopathischer Psychopharmaka einsetzt, ist auf jeden Fall eine klinische Untersuchung empfehlenswert. Bedenken Sie, dass bestimmte Präparate die reiterliche Nutzung des Pferdes vorübergehend mehr oder weniger stark einschränken können.

Ein geeignetes Alternativverhalten bei Angstproblemen kann das sehr konzentrierte Arbeiten einer bestimmten Lektion sein.

Alternativverhalten einüben

Für bestimmte Angstprobleme kann es hilfreich sein, ein Alternativverhalten anstelle des aus Angst gezeigten Verhaltens einzuüben. Ein Beispiel: Das Pferd scheut in der Halle immer an einer bestimmten Stelle und verweigert das Vorwärtsgehen, ohne dass Sie einen konkreten Angstauslöser identifizieren können.

Alternativ könnte das Pferd in diesem Bereich eine Volte oder Kehrtvolte gehen. Im weiteren Trainingsverlauf würden Sie dann die Volte mal etwas vor oder hinter dem kritischen Bereich ansetzen und das Pferd irgendwann durch diese Stelle problemlos hindurchreiten.

Schritt 1: Merken Sie sich genau den Punkt in der Halle, ab dem das Pferd scheut. Identifizieren Sie quasi den „kritischen Bereich".

Diese beiden schauen entspannt in die Runde. Das kann schnell anders aussehen, wenn einer vom Paddock geholt wird und der andere zurückbleiben muss.

Schritt 2: Üben Sie Volten und Kehrtvolten; nutzen Sie dazu die ganze Halle, aber lassen Sie den kritischen Bereich zunächst aus. Trainieren Sie die Figuren bis zur Perfektion.

Schritt 3: Jetzt nähern Sie sich dem kritischen Bereich vorsichtig an. Bevor das Pferd dort angekommen ist, reiten Sie eine Kehrtvolte. Genauso verfahren Sie auf der anderen Hand. Dies wiederholen Sie einige Male. Achten Sie auf Stress- oder Angstzeichen, wenn Sie sich auf diese Weise dem kritischen Bereich nähern. Ihre Kehrtvolte sollte kommen, bevor Angst und Stress zu stark werden oder bevor das Scheuen beginnt.

Schritt 4: Beginnen Sie jetzt die Kehrtvolten bei den Wiederholungen immer etwas später. Dadurch nähern Sie sich dem kritischen Bereich von beiden Seiten mehr und mehr an. Üben Sie dazwischen auf anderen Strecken auch die Volten weiter. Meist kommt man sehr schnell eng an den kritischen Bereich, ohne dass das Pferd scheut. Das Pferd ist zum einen sehr auf die Übung fokussiert und zum anderen weiß es ja durch den Trainingsverlauf, dass die Kehrtvolte es wieder vom Problem wegbringt.

Schritt 5: Wenn Sie die Kehrtvolten direkt im kritischen Bereich machen können und das Pferd dabei entspannt und fokussiert bleibt, schieben Sie statt der Kehrtvolte einfach einmal eine Volte ins Programm. Jetzt reiten Sie das Pferd durch den kritischen Bereich – nur noch nicht auf einer geraden Linie.

Schritt 6: Beginnen Sie mit den Übungen zu spielen. Mal kommt die Kehrtvolte am Anfang des kritischen Bereichs, mal wenn Sie ihn fast durchritten haben. Dazwischen kommt auch immer wieder einmal eine Volte. Und irgendwann reiten Sie die Strecke einfach geradeaus durch, machen die Kehrtvolte erst einige Meter nach dem kritischen Bereich und reiten zurück noch einmal hindurch.

Trennungsängste

Ein häufiges Problem ist das sogenannte „Kleben". Hiervon spricht man, wenn ein Pferd nicht von einem anderen Pferd weg will oder mit starkem Stress reagiert, wenn es von diesem Pferd getrennt ist. Es handelt sich um ein Angstproblem, auch wenn die Angst in der Körpersprache des Pferdes vielleicht nicht gut erkennbar ist. Es ist die Angst, von der Ressource „Sozialpartner/Freund" getrennt zu sein. Dagegen hilft ein langsames und schrittweises Trennungstraining.

Begrüßung von Stute und Fohlen nach kurzer Trennung; das Fohlen zeigt submissives (unterwürfiges) Kauen.

Trainingsablauf

Schritt 1: Auch hier steht die Identifikation an erster Stelle: Von wem genau mag Ihr Pferd nicht getrennt sein? Gibt es bestimmte Situationen, wo die Trennung am dramatischsten ist, oder Situationen, in denen Ihr Pferd sie ganz gut ertragen kann? Reagiert das andere Pferd auch mit Kleben?

Schritt 2: Provozieren Sie sehr viele, aber extrem kurze Trennungen und führen Sie darüber ein Gewöhnungstraining durch. Wenn mehrere Orte zur Auswahl stehen, nehmen Sie anfangs den, an dem das Problem am wenigsten ausgeprägt ist.

Die Trennung darf anfangs wirklich nur sehr kurz sein, auf keinen Fall darf Ihr Pferd mit Erregung und Stress reagieren. Dieses noch entspannte Verhalten wird dann belohnt. Belohnt wird mit BRAV + Leckerchen – und mit der Rückkehr des Pferdekumpels.

Der Pferdefreund muss bei diesen Trennungen gar nicht außer Sichtweite sein. Es kann ausreichen, dass er kurz zwei Meter von der Koppel heruntergeführt und sofort danach zurückgebracht wird. Fünf Minuten und zehn Wiederholungen später tauschen die Pferde dann Ihre Plätze und Ihr Pferd wird jetzt von der Koppel geführt. Wichtig sind wirklich die sehr kurzen Etappen, sodass sich das Pferd gar nicht erst aufregt. Es soll sich langsam an Trennungsphasen gewöhnen und lernen, dass am Ende immer wieder die Zusammenführung mit dem Kumpel steht. Entspanntes Verhalten muss immer belohnt werden. Langsam, aber sicher wird dann die Trennungszeit verlängert.

Schritt 3: Arbeiten Sie so alle Orte ab, die in Frage kommen, neben der Koppel auch Box, Halle oder Paddock. Das Ziel soll sein, dass eine Trennung von mindestens zehn Minuten herbeigeführt werden kann und die Pferde sich dabei auch nicht sehen können. Auch Lautäußerungen wie Hinterher-Wiehern sollen nicht mehr gezeigt werden.

Schritt 4: Jetzt versuchen Sie die Trennung unter dem Reiter. Bleiben Sie bei den zehn Trennungsminuten, reiten

Sie Ihr Pferd aber weg von Koppel oder Paddock. Danach reiten Sie in der Reithalle oder auf dem Platz in Anwesenheit des anderen Pferdes. Das andere Pferd wird mehrmals weggeführt und kommt wieder. Ziel soll sein, dass Sie entspannt und mit einem auf die Arbeit fokussierten Pferd die Lektionen durcharbeiten können.

Auch hier wird nach einigen Wiederholungen gewechselt: Jetzt reiten Sie aus der Halle oder vom Platz weg, während das andere Pferd dortbleibt. Auf Dauer wird das Kleben dann kein Problem mehr sein.

Aggressive Pferde

Pferde mit Aggressionsproblemen bedeuten ein großes Sicherheitsrisiko. Nicht nur für denjenigen, der direkt mit ihnen zu tun hat, sondern eventuell auch für unbeteiligte Dritte. Wenn Pferde beißen oder schlagen oder ihren Körper einsetzen (drängeln, rempeln), wird es ungemütlich. Dabei gehören die Elemente des Aggressionsverhaltens zum Normalverhalten von Pferden. Sie werden im sozialen Miteinander und in der Kommunikation eingesetzt. Ein Pferd, welches beißt oder schlägt, ist in den wenigsten Fällen pathologisch oder (vermenschlichend) bösartig. Es zeigt aggressives Verhalten in bestimmten Situationen, weil dies aus der Sicht des Pferdes passend ist. Ein anderes Pferd wird das Verhalten in den allermeisten Fällen gut einordnen und damit umgehen können. Menschen haben da Schwierigkeiten, weil sie nicht denken wie ein Pferd. Außerdem sind Menschen durch die Größenverhältnisse schneller gefährdet und ernsthafter verletzt als ein anderes Pferd.

Auslöser und Sinn von Aggressionen

Der Auslöser für aggressives Verhalten ist meist Angst oder auch Schreck/Schmerz. Das Pferd hat ein „Problem“; es fühlt sich oder eine wichtige Ressource bedroht oder angegriffen. Aus diesem subjektiven Bedrohungsgefühl heraus

Die enge Annäherung des Dunklen ist unerwünscht. Eine kurze Drohung nach hinten macht den Wunsch deutlich.

handelt es, um sein Problem loszuwerden und damit seinen Zustand zu optimieren. Wie bei den Angstproblemen gilt: Nur weil Sie als Mensch kein Problem oder keinen Auslöser wahrnehmen, heißt das noch lange nicht, dass für Ihr Pferd keiner vorhanden war.

Mit offensiv aggressiven Verhaltensweisen wie Beißen oder Schlagen kann das Pferd eine Bedrohung in die Flucht schlagen und Ressourcen retten. Mit Drohverhalten kündigt das Pferd die Bereitschaft an, gegebenenfalls offensiv zu reagieren. Auch Drohverhalten hat den Zweck, Ressourcen zu sichern beziehungsweise Probleme auf Abstand zu halten.

Die Entwicklung von Aggressionsproblemen folgt den Gesetzmäßigkeiten der Lerntheorie. Wenn das Pferd die Erfahrung macht, dass sich aggressives Verhalten lohnt (Lohnen im Sinne von: Das Problem verschwindet kurzfristig oder wird zumindest kleiner), wird es das Verhalten beim nächsten Problem wieder und eventuell sogar zügiger zeigen. Dabei muss es aber das aggressive Verhalten nicht zwangsläufig intensivieren. Die Natur denkt ökonomisch: Es kostet weniger Energie zu drohen als zu schlagen.

Wenn ein Pferd gute Erfahrungen mit Drohverhalten macht, wird es nicht zwangsläufig irgendwann anfangen zu beißen. Wenn es aber die Erfahrung macht, dass Drohverhalten nichts nützt (das Problem verschwindet nicht), wird es eine Stufe höher schalten. Genau hier liegt ein Gefahrenpotential. Wenn reines Drohverhalten wie Vorschnellen oder Schlagen mit dem Kopf (mit der entsprechenden Mimik) in den Anfängen nicht ernst genug genommen wird, kann sich irgendwann ein massiveres Problem entwickeln. Achten Sie also frühzeitig auf Warnsignale.

Hier grenzt ein Pferd die Ressource Mensch gegen ein anderes ab. Menschen sollten um solche Probleme wissen, um nicht unnötig Konflikte zu provozieren.

Aggressionsprobleme lösen

Die individuelle Behandlung von Aggressionsproblemen gehört in die Hand von Spezialisten.

Die allgemeine Vorgehensweise bei Aggressionsproblemen ist die gleiche wie bei Angstproblemen. An vorderster Stelle stehen Management und die Identifikation von Auslösern.

Versuchen Sie, alle Situationen und die jeweiligen Begleitumstände zu identifizieren, in denen das Pferd aggressiv reagiert. Nach Möglichkeit sollte man damit schon beginnen, wenn das Pferd nur mit Drohverhalten auffällt. Vermeiden Sie dann die erkannten Auslöser, so gut es machbar ist. Wenn ein Pferd zum Beispiel gegenüber bestimmten Personen aggressiv reagiert, sollten diese zunächst keinen Umgang mit dem Pferd haben. Wenn ein Pferd beim Putzen aggressiv reagiert, sollte man genau überlegen, wann und wie oft geputzt werden muss. Zur Not darf das Pferd dann für eine Übergangszeit einfach einmal schmutzig herumlaufen.

Wenn ein „echtes" Aggressionsproblem zwischen Pferden besteht, sollten diese nach Möglichkeit getrennt werden. Wenn ein Pferd ein anderes auf der

jonglieren. Wenn das Pferd zum Futter will, nehmen Sie wortlos die Schüssel und drehen sich weg. Wenn das Pferd daraufhin zurückweicht, wird es dafür belohnt. Wenn Sie hinter einem Zaun oder der Boxentür arbeiten, stellen Sie sich mit der Schüssel eng davor und drehen sich außer Reichweite des Pferdes, wenn es sich nähert.

Schritt 2: Wenn sich das Pferd schnell auf die Schüssel zubewegt, nehmen Sie diese auch schnell weg. Nur auf ein zügiges Zurückweichen des Pferdes kommt die Belohnung. Wenn das Pferd

Selbständige Annäherung an ein interessantes Objekt ist nicht in jeder Situation gewünscht. In den unteren Bildern hat das Pferd gelernt, auf das Signal zu warten und geht erst nach Aufforderung an die Schüssel.

Pferd anfangs hinter einem Zaun oder der Boxentür stehen oder zumindest am Strick fixiert sein. Das Training selbst gestaltet sich ähnlich wie das Training gegen den Taschenkriecher (Seite 32).

Schritt 1: Sie präsentieren dem Pferd die Ressource auf Distanz. Es soll wissen, was in der Schüssel ist. Die Entfernung soll so sein, dass das Pferd mit einem oder zwei Schritten fast an die Schüssel gelangen kann – aber eben nur fast. Die Schüssel darf andererseits nicht zu weit weg gehalten werden, denn das Pferd soll nicht das Interesse verlieren. Zwischen diesen beiden Extremen müssen Sie etwas hin und her

aus der schnellen Annäherung einfach abstoppt, erhält es keine Belohnung. Wenn das Pferd sich der Schüssel langsam nähert, nehmen Sie diese auch etwas langsamer weg (sie haben dann ja Zeit dazu). Jetzt muss das Pferd für die Belohnung auch nicht mehr zackig zurückweichen. Es wird schon belohnt, wenn es langsam zurückweicht oder einfach mit der Vorwärtsbewegung aufhört.

Wenn Sie diese Unterschiede sauber über viele Wiederholungen durcharbeiten, lernt das Pferd Folgendes: schnelles oder langsames Vorgehen bringt nichts; schnelles Zurückweichen, wenn der Mensch sich schnell wegdreht, lohnt sich immer; langsames Zurückweichen oder Stehenbleiben, wenn der Mensch sich langsam wegdreht, lohnt sich ebenfalls immer. Sie geben dabei keine Kommandos. Das Pferd lernt aus der Situation über Erfolg oder Misserfolg seiner Handlungen.

Schritt 3: Wenn das Pferd am ersten Trainingsort gar keine Anstalten mehr macht, zur Schüssel zu wollen, oder höchstens sehr langsam „anfragt", ob es etwas bekommen kann, gehen Sie zum Üben an einen anderen Ort. Wenn die Übung dort gut klappt, können Sie

auch die Sicherheitsmaßnahmen etwas reduzieren. Wenn das Pferd vorher am Strick war, darf es jetzt frei laufen. Wenn es vorher hinter einem Zaun war, kommt es jetzt an den Strick.

Probieren Sie die Übung auch noch an einem dritten Ort. Das Ziel soll sein, dass das Pferd zum Schluss dieser Sequenz tatsächlich frei läuft. Wenn Sie vorher allerdings einen „großen Rempler" hatten, kann es auch schon ein Erfolg sein, wenn Sie an allen Orten mit lockerem Strick arbeiten können.

Schritt 4: Jetzt wird die Schüssel auf einem Platz einige Meter vom Pferd entfernt abgestellt, und Sie stellen sich daneben. Wenn das Pferd zur Schüssel möchte, stellen Sie sich ruhig, aber zügig vor die Schüssel. Sie blocken also die Vorwärtsintention des Pferdes mit Ihrem Körper. Diese Übung darf nur begonnen werden, wenn das Pferd in den vorherigen Übungen gut gelernt hat, sich langsam anzunähern. Wenn das Pferd jetzt auf Ihre frontale Aktion hin anhält oder zurückweicht, wird es belohnt. Auch hier wiederholen Sie häufig und spielen mit den Entfernungen. Sie sollten sich anfangs immer nur so weit von der Schüssel entfernen, dass Sie sie zur Not auch greifen und damit weggehen können. Eventuell brauchen Sie in dieser Phase eine Hilfsperson, die das Pferd am langen Strick hält. Falls das Pferd in alte Bewegungsmuster zurückfällt und rempelt, kann es über den Strick kontrolliert werden. Das ist ein Zeichen, dass die Frustrationstoleranz Ihres Pferdes zu schnell zu stark herausgefordert wurde. Gehen Sie im Training einen Schritt zurück.

Auf Dauer lernt das Pferd über diese Übungen Eigenkontrolle und abzuwarten. Es lernt außerdem, auf den Menschen zu achten.

Man kann auch so um Futter betteln. Oder hat das Pferd gelernt, nach dem Fressen die Schüssel wegzubringen?

Die Partnerschaft stärken

Erziehungsarbeit muss nicht immer an bestimmten Problemen ansetzen. Es ist mindestens genauso sinnvoll, sich Zeiten zu gönnen, in denen das Miteinander einfach die Partnerschaft stärkt, das Vertrauen vertieft und allen Beteiligten Spaß macht. Das kann zum Beispiel ein entspannter Ausritt sein – oder die hier vorgestellten Tricks und Übungen.

Spielerisch lernen

Warum soll die Arbeit mit dem Pferd immer „ernsthaft" sein? Spielereien wie Verbeugen oder Apportieren beleben den Arbeitsalltag für das Pferd und fördern nebenbei noch Koordination, Körperkontrolle und Balancegefühl. Nahezu jedes Pferd kann den Spanischen Schritt lernen, die damit verbundene Rückengymnastik tut ihm gut. Übungen für „zwischendurch" sind für Pferd und Mensch entspannend und neben dem Pferd übt sich auch der Mensch in Koordination und Timing. Interessanterweise sind die Lernerfolge bei den spielerischen Übungen oft schneller und nachhaltiger. Dies liegt vermutlich daran, dass Menschen an Spielereien viel entspannter herangehen: Es geht ja um nichts Wichtiges. Der entspannte Trainer ist aber auch ein besserer Beobachter und hat ein besseres Timing. Damit ist der Trainingserfolg vorprogrammiert.

Die Sache mit dem Korb ist zunächst noch etwas unheimlich.

Probieren Sie aus, zu welcher der folgenden Übungen Sie Lust haben – und lassen Sie Ihre Fantasie spielen. Vielleicht fallen Ihnen ja aufgrund der Anregungen noch andere Sachen ein. Sie wissen nun genug über Lernverhalten und Trainingsaufbau, um sich Ihre eigenen Zielvorstellungen zu machen und Sie gemeinsam mit Ihrem Pferd zu verwirklichen.

Im ersten Schritt senkt das Pferd die Nase einfach nur ab, um an das Target zu stupsen. Dann wird das Target von hinten zwischen den Vorderbeinen hindurch nach vorne geschoben.

Verbeugen

Vorbereitung/Hilfsmittel

- Ihr Pferd kennt ein Belohnungssignal.
- Ihr Pferd kennt das Target.
- Ihr Pferd kann auf Kommando den Fuß heben.
- Sie haben einen ruhigen Ort mit weichem Untergrund zum Üben.

Trainingsablauf

Schritt 1: Halten Sie dem Pferd das Target so vor die Brust, dass es den Kopf nach unten und in Richtung Brust bewegen muss, um mit der Nase daranzustoßen.

Wenn es das einige Male erfolgreich gemacht hat (jeweils mit der kompletten Belohnung), schieben Sie das Target von hinten zwischen seinen Vorderbeinen hindurch. Die Hand mit dem Target ist dabei hinter den Vorderbeinen und unter dem Brustbein. Das Pferd muss seine Nase mehr oder weniger zwischen die Vorderbeine stecken, um daranzustupsen.

Über die Positionierung des Targets bestimmen Sie genau, wie tief das Pferd den Kopf nimmt und wie weit es ihn nach hinten schiebt. Jedes Anstupsen wird belohnt.

Schritt 2: Bewegen Sie das Target vorsichtig tiefer Richtung Boden und weiter rückwärts in Richtung Hinterbeine. Probieren Sie aus, wie beweglich Ihr Pferd ist und wie es sich verhält, wenn es nicht mehr einfach durch einen langen gebogenen Hals an das Target kommt. Einige Pferde machen dann einen Schritt nach hinten, andere schieben ein Vorderbein vor und knicken mit dem anderen leicht ein. Wieder andere Pferde hampeln versuchsweise in alle Richtungen (einknicken, Schritt zurück etc.) und einige wenige geben auf. Wenn Ihr Pferd aufgeben sollte, ist dies ein Zeichen, dass Sie zu schnell zu viel erreichen wollten. Die Anweisung hierfür kennen Sie ja mittlerweile: Gehen Sie zu dem Punkt zurück, an dem es noch gut geklappt hat und festigen Sie hier erst einmal die Übung, bevor Sie den Schwierigkeitsgrad steigern.

Schritt 3: Wenn Ihr Pferd ein Vorderbein vorschiebt und mit dem anderen einknickt, sind Sie schon halb in der Verbeugung. Spielen Sie vorsichtig mit der Position des Targets, sodass das Pferd Zeit hat, seine Beine zu sortieren und langsam, aber sicher mit der Nase immer tiefer kommt, während ein Bein nach vorne gestreckt wird und sich das andere abbeugt. Jedes Anstupsen an das Target wird belohnt. Dadurch wird die Beinposition quasi mit belohnt, denn sie ermöglicht dem Pferd, an das Target heranzukommen.

Wedeln Sie nicht mit dem Target vor der Pferdenase herum und animieren Sie es nicht, daranzustupsen. Das Pferd muss in dieser körperlich etwas ungemütlichen Situation seinen eigenen Weg finden und sein eigenes Tempo. Irgendwann wird es mit dem einen Röhrbein auf dem Boden knien und hat das andere Bein weit vorgestreckt. Der Mensch muss hier viel Geduld zeigen. Ich habe Pferde erlebt, welche die ganze Sequenz innerhalb einer Woche gelernt haben (bei zwei fünfminütigen Trainingseinheiten täglich), andere haben drei Monate gebraucht.

Schritt 4: Wenn sich das Pferd dem Target folgend regelmäßig in die komplette Verbeugung absenkt, etablieren Sie das Signal, welches später einmal die Verbeugung auslösen soll. Das Signal (zum Beispiel VERBEUG DICH) kommt jedes Mal in dem Moment, indem das Pferd die Verbeugung beginnt. Nach wie vor ist die Verbeugung eine kurze Übung. Das BRAV kommt, wenn die Position perfekt ist, das Leckerchen bekommt das Pferd im Gegensatz zu Schritt eins erst, wenn es den Kopf wieder oben hat. BRAV markiert also das Ende der Übung.

Aus dem Target hat man sich hier bereits sehr früh ausgeschlichen. Das Pferd folgt höchst konzentriert der Hand und hat bereits einen Vorderfuß angehoben, um noch tiefer mit der Nase zu kommen.

Ziel erreicht

Ein gut erzogenes Pferd ist ein sicheres Pferd. Es macht Spaß, mit ihm die Freizeit zu verbringen und gemeinsam etwas zu unternehmen. Das Miteinander ist harmonisch und entspannt.
Das ist das Ziel – machen Sie sich mit Ihrem Pferd auf den Weg.

Mit Geduld zum Erfolg

Wenn Ihnen das Lesen des Buches Anregungen gegeben und das Üben mit Ihrem Pferd Spaß gemacht hat, hat das Buch sein Ziel erreicht.
Ich freue mich, wenn Sie einige neue Ideen zur Arbeit mit Ihrem Pferd erhalten haben. Training soll Mensch und Pferd Spaß machen. Wie viel Spaß das Pferd im Training hat, hängt aber immer vom Menschen ab. Es ist also ganz im eigenen Interesse, wenn Sie Ihr Training so gestalten, dass das Pferd geistig „mitkommt" und motiviert bei der Sache ist. Und doch ist im Training nie verkehrt (und dem Spaß nicht abträglich), das Pferd auch einmal Fehler machen zu lassen. Es ist wie bei Kindern: Wenn sie sich eine Problemlösung selbst erarbeiten können, ist der Lerneffekt viel nachhaltiger, als wenn man ihnen die Lösung vorserviert. Viele der Übungen in diesem Buch sind so konzipiert: Das Pferd kann in verschiedene Richtungen ausprobieren und macht darüber die Erfahrung, was sich lohnt und was nicht. Mal gibt es eine Belohnung und mal nicht.

Für Menschen bedeutet Tiertraining darum immer auch eine Übung in Geduld. Es braucht Geduld, um Fehler des Pferdes auszusitzen und abzuwarten, bis es „endlich" etwas richtig macht. Vielen kommt dies wie vergeudete Zeit vor. Wer sich aber traut, diesen Weg zu gehen, wird feststellen, dass das Training im Endeffekt viel schneller geht. Der Anfang erscheint immer quälend langsam – haben die Pferde die Spielregel aber erst einmal begriffen, ziehen sie im Tempo rasant an. Wichtig sind, neben Geduld, eine gute Beobachtungsgabe und ein gutes Timing. Dann kann eigentlich nichts schiefgehen.

Service

Nützliche Adressen

Struppi & Co
Tierärztliche Praxis für Verhaltenstherapie
Dr. B. Schöning, Dr. K. Röhrs
Neusurenland 4
D-22159 Hamburg
Tel. 0049 (0)40-60 87 53 51
Fax 0049 (0)40-46 77 54 18
E-Mail: info@struppi-co-verhaltens-therapie.de
www.struppi-co-verhaltenstherapie.de

GTVMT, Gesellschaft für Tierverhaltensmedizin und -therapie e.V.
Hohensasel 16
D-22395 Hamburg
Tel. 0049 (0)40-60 87 53 51
Fax 0049 (0)40-46 77 54 18
E-Mail: bs@ethologin.de
www.gtvmt.de

TTeam-Gilde e.V. Deutschland
Bibi Degn
Buschöhrchen 19
D-53819 Neunkirchen-Seelscheid
Tel. 0049 (0)2247-96 93 910
E-Mail: gilde@tteam.de
www.tteam.de

TTeam Büro Österreich
Martin Lasser
Spitalgasse 7
A-2540 Bad Vöslau
Tel. 0043 (0)664-1 250 252
E-Mail: office@tteam.at
www.tteam.at

Tellington-TTouch®-Interessens- und Berufsverband Schweiz
Maya Conoci
Bruster 5
CH-8585 Langrickenbach
Tel. 0041 (0)71-640 01 75
E-Mail: gilde@tteam.ch
www.tellington-ttouch.ch

Deutsche Reiterliche Vereinigung e.V. (FN)
Bundesverband für Pferdesport und Pferdezucht
Freiherr-von-Langen-Straße 13
D-48231 Warendorf
Tel. 0049 (0)2581-63 620
Fax 0049 (0)2581-62 144
E-Mail: fn@fn-dokr.de
www.pferd-aktuell.de

Österreichischer Pferdesportverband (OEPS)
Geiselbergstraße 26-32/Top 512
A-1110 Wien
Tel. 0043 (0)1-74 99 261
Fax 0043 (0)1-74 99 261-91
E-Mail: office@oeps.at
www.oeps.at

Schweizerischer Verband für Pferdesport (SVPS)
Papiermühlestrasse 40H
CH-3000 Bern 22
Tel. 0041 (0)31-335 43 43
Fax 0041 (0)31-335 43 58
E-Mail: info@fnch.ch
www.fnch.ch

Vereinigung der Freizeitreiter und -fahrer in Deutschland (VFD)
Christiane Ferderer
Zur Poggenmühle 22
D-27239 Twistringen
Tel. 0049 (0)4243-94 24 04
Fax 0049 (0)4243-94 24 05
E-Mail: bundesgeschaeftsstelle@vfdnet.de
www.vfdnet.de

Bildnachweis

110 Farbfotos wurden von Vivien Venzke/Rosengarten für dieses Buch aufgenommen. Weitere Farbfotos von Horst Streitferdt/Kosmos (26, Seite 4, 5, 9, 11, 16, 23, 28, 32, 36, 39, 42, 43, 72, 75, 76, 77, 86, 87, 89, 90, 99, 100, 106, 118, 121), Klaus-Jürgen Guni /Kosmos (1, Seite 58), Christof Salata/Kosmos (4, Seite 77, 94, 95, 96) und F. v. Döring/Kosmos (1, Seite 54)

Impressum

Umschlaggestaltung von eStudio Calamar unter Verwendung eines Farbfotos von Sabine Stuewer, Darmstadt /www.stuewer-tierfoto.de (Umschlagvorderseite) und eines Farbfotos von Horst Streitferdt/Kosmos (Umschlagrückseite).

Mit 141 Farbfotos.

Alle Angaben in diesem Buch erfolgen nach bestem Wissen und Gewissen. Sorgfalt bei der Umsetzung ist indes dennoch geboten. Autorin und Verlag übernehmen keinerlei Haftung für Personen-, Sach- und Vermögensschäden, die aus der Anwendung der vorgestellten Materialien und Methoden entstehen können.

Gedruckt auf chlorfrei gebleichtem Papier

ISBN 978-3-440-11516-9
Redaktion: Birgit Bohnet
Gestaltungskonzept: eStudio Calamar
Gestaltung und Satz: akuSatz Stuttgart
Produktion: Claudia Kupferer
Printed in Germany/Imprimé en Allemagne

FSC www.fsc.org MIX Papier aus verantwortungsvollen Quellen FSC® C004592